유대인 엄마는 장난감을 사지 않는다

유대인 엄마의 야무지고 따뜻한 자녀교육

유대인 엄마는
장난감을
사지 않는다

곽은경 지음

알에이치코리아

● 이 책에 나오는 나이(연령)는 아이가 태어났을 때부터 한 살로 치는 한국 나이에 준해서 표기하였습니다.

한국에서 직장을 다니며 준우를 키우던 나는 워킹맘이라는 시간과 에너지의 한계로 가족과 친척, 친구로부터 여러 도움을 받았다. 친정 엄마는 바쁜 나를 위해 수시로 밑반찬을 챙겨 택배로 보내 주었고, 아이 키우면서 힘든 일은 친구들과 수다를 떨며 풀곤 했다. 육아란 정말 어려우면서도 새로운 세계였다.

그러던 어느 날, 남편이 미국 유학을 결정하게 되면서 나와 아들 준우 역시 한국을 떠나왔다. 친정엄마, 동지애를 나누던 친구처럼 든든한 지원군 없이 생판 모르는 미국으로 간다는 것은 그야말로 두려운 일이었다.

미국에 와서 만난 준우의 담당 소아과 선생님은 밤 8시가 되면 아이를 방으로 들여보내고 방문을 잠그라고 조언한다. 독립성을 키우기 위해 혼자 자는 습관을 들이게 하라는 것이다. 갓난아기를 바구니 안에 넣고서는 식당에 들어와 아기가 울어대도 발로 바구니를 툭툭 치며 식사하는 미국 엄마들도 내게는 충격이었다. 공감할 수 없는 조언과 충격적인 양육방식 속에서 나만의 길을 찾아내야 했다.

최근 노벨평화상을 거절한 음악가 밥 딜런, 페이스북 마크 주커버그, 구글 세르게이 브린, 스타벅스 하워드 슐츠, 베스킨라빈스 어바인 라빈스, 금융재벌 로스차일드, 영화감독 스티븐 스필버그, 희극배우 채플린, 노벨경제학상 폴 새뮤얼슨, 노벨평화상 외교관 헨리키신저, 화가 피카소와 샤갈, 구겐하임 미술관의 솔로몬 구겐하임과 페기 구겐하임, 사회주의 창시자 칼 마르크스, 현대과학의 선구자이자 천재 물리학자 아인슈타인 등등.

인류사에 큰 영향력을 행사한 인재들의 이름을 나열하다 보면 그들의 대부분이 유대인이라는 사실을 알 수 있다. 나는 기부와 자선활동에 앞장서는 유대인에 대한 기사를 자주 접하기도 했다. 유대인은 미국 인구의 2퍼센트 정도이나 미국 내 총 기부금액 중 45퍼센트 가량의 자선을 한다.

나라를 잃고 전세계에 흩어져 살아야 했던 유대인들이 각 분야에서 성공할 수 있었던 비결은 무엇일까? 세계 인구의 0.25퍼센트에 불과한 그들이 역대 노벨상 수상자의 30퍼센트 가량을 차지하고, 미국 아이비리그 학생의 4분의 1에 달하는 이유가 무엇일까?

그 호기심에서 시작된 유대 문화와 교육에 대한 관심으로 나는 주저하지 않고 준우를 유대인 유치원에 등록했다. 이 용기 있는 도전을 통해 나는 많은 유대인 친구들을 사귀게 되었다. 랍비(유대교 지도자), 유치원 원장, 대학교수, 의사, 변호사, 사업가, 회사원, 가정주부, 교사 등 분야도 다양하다. 그리고 그중 대다수는 나의 절친이 되었다. 유대인은 친구가 되기 전과 후의 모습이 확연히 다르다. 친구가 되면 묻거나 따지지 않고 아낌없이 도와준다. 또한 꾸미지 않고 진솔하게 삶의 철학을 나눈다.

이 책은 어쩌면 많은 사람이 가지고 있던 유대인에 대한 편견을 깨뜨리는 책이 될 수 있겠다. 무엇보다 나는 이 책에서 노벨상을 받은 유대인이 이렇게 대단하다거나, 완벽하고 뛰어나 비현실적으로 느껴지는 유대인 부모 이야기를 하려는 것이 아니다.

유대인 부모는 모두가 '현명하고, 똑똑하고, 지혜롭다'라고 생각하는 사람이 종종 있겠지만 그렇지 않다는 것을 목도했다. 그들도 실수하고, 예외도 있으며, 사람마다 다른 교육관을 가지고 있다. 오히려 유대인 아이들에 대한 나의 첫인상은 '정신 없고 산만하다'였다. 유명 유대인의 일화 속에는 늘 유별난 유년시절이 있으니 그리

놀라지는 않았다. 하지만 이 아이들이 어떻게 리더십과 철학을 한껏 뽐내는 어른으로 성장하는지 그 과정이 궁금했다. 그 열쇠를 내 유대인 친구들을 통해 찾았다. 유대인들이 어느 곳에서 성장하고 정착하든 그 사회 속에서 두각을 나타낼 수 있었던 해답은 바로 그들이 살아온 환경, 부모로부터 습득한 교육 문화에 있었다.

그렇다면 유대인 교육은 무엇일까? 한참 찾아 헤매던 나에게 명확하게 답을 주는 사람은 없었다. 유대인에게 있어서 교육은 유대 문화, 종교, 정신이 투영된 삶 자체이다. 다양한 방식, 각양각색의 가정문화 속에서 그들이 유대인으로서 무엇을 느끼고 지키며 성장해왔는가? 그리고 그들이 어른이 되어서 무엇을 가장 중요하게 여기며 아이들에게 교육하고 있는 것일까? 그것에는 어려움과 고충도 있지만 변하지 않는 절대가치가 있다.

유대인은 아이에게 눈에 보이는 고가의 장난감을 골라주기보다, 또 남들 눈에 좋아보이는 성적표, 상장, 자격증, 지식을 강요하기보다, 지식을 습득하는 방법과 그것을 활용하며 삶을 살아가는 '자세', '습관', '방법'을 가르친다. 예컨대 주변의 것을 그냥 지나치지 않고 호기심을 갖고 질문하는 습관, 지식을 효율적으로 습득하고 그것을 시의 석설하게 활용하는 방법, '어떻게 하면 더 나은 세상을 만들 수 있을까?' 고민하는 티쿤올람 정신을 통해 인생을 행복하게 사는 삶의 자세 등을 가르친다.

이렇게 배운 '자세'와 '습관'과 '방법'은 평생을 살아가는 든든한 무기가 되며, 성장하여 새로운 가정을 이끌어갈 때 아이들에게 교육해야 할 지표가 되는 것이다.

내 유대인 친구들에게 있어 자녀교육은 전쟁이 아니다. 그렇다고 시간 내서 야무지게 해내는 위대한 프로젝트도 아니다. 내 유대인 친구들에게 있어 자녀교육은 삶에서 그대로 이어지는 자연스러운 일상이다. 매일의 일상 속에서 성장하고 쌓여가는 결과물, 삶에서 실천되는 것이 그들의 교육이다.

그 어떤 부모도 처음부터 완벽한 부모가 될 수는 없다. 어떤 이들은 최고의 부모가 되는 길을 찾아 끊임없이 헤맨다. 그리고 대부분 부모는 헤매다 길을 잃어버리기도 하고, 먼 길을 돌아가기도 한다. 하지만 우리가 잊지 말아야 할 것은 최고의 타이밍이란 언제나 지금 이 순간부터 시작된다는 것이다. 끊임없이 최고의 교육법을 찾고, 이상적인 내 가족의 모습을 찾고, 바라던 나 자신의 모습을 찾기 위해 노력한다면 그것이 바로 자신이 원하고 꿈꾸던 삶이 되는 것이다.

내 아이를 어떻게 교육해야 하는지 방황하고 있다면, "아이를 어떻게 키우는 거야?" 주변의 참견에 스트레스 받고 있다면, 수많은 육아조언에 흔들리고 있다면 이 책이 조금이나마 위안이 되고 저마다의 길을 찾는 데 도움이 되길 희망한다. 내 인생의 나침판은 내 손안에 있어야 하듯, 내 아이를 교육하고 가정이 나가야 할 방향을 결정하는 주체는 바로 내가 되어야 한다는 것을 잊지 말았으면 한다.

곽은경

목차

PART 1

남과 다르게
생각할 줄 아는
독창적인 아이

● ● 1916년 일반상대성이론을 통해 '중력파'를 예측한 아인슈타인. 100년이 지난 지금 중력파의 존재가 확인되며 그의 천재성은 다시 한 번 증명되었다. 20세기 최고의 천재과학자 아인슈타인은 죽어서 토마스 하비 박사에게 뇌를 도둑맞는다. 그의 뇌는 240개 조각으로 나뉘어 연구되었다. 아버지가 건네준 나침판을 시작으로 인류 최고의 과학자가 된 아인슈타인은 그의 삶을 통틀어 무엇보다 창의력을 강조한다.

언어철학의 지평을 연 비트겐슈타인, 〈타임스〉가 선정한 지난 2천 년간 가장 위대한 사상가로 '자본론'의 칼 마르크스, '생각하는 갈대'로 유명한 철학자 블레즈 파스칼, 보어의 법칙 닐스 보어, 게임이론의 존 폰 노이먼, 구글의 세르게이 브린, 페이스북의 마크 주커버그, 스타벅스의 하워드 슐츠 등 분야를 불문하고 세상에 영향력 있는 유대인의 이름을 다 열거하기에는 이 책 한 권이 모자라다.

'세상을 바꾸는 새로운 것'에는 언제나 유대인이 있다. 새로운 분야를 발견해내고 새로운 영역의 지평을 열어가는 인류발전의 일등공신 유대인에게 숨겨진 비밀무기는 무엇일까? 새로운 영역을 창조함에 있어 언제나 앞서 있는 놀라운 그 힘이 궁금하다.

#01 호기심의 늪에서
헤엄치는 아이들

준우가 다니는 유대인 유치원Temple Playschool을 보면 유대인의 '창조할 수 있는 능력'은 그들이 조성해 놓은 '인정받는 환경'에 의해서라는 생각이 들었다. 그것은 아이에게 권위와 선입견의 잣대로 타박하고 억압하는 문화가 아니라 아이들의 새로운 시도 그 자체의 가치를 드 높여 주는 것이다.

준우 아빠는 어릴 적 초등학교 미술시간에 '부모님 얼굴 그리기'를 하는데 얼굴을 파란색으로 칠했다고 미술선생님께 혼나고 살색

크레용으로 덧칠했다고 한다. 유대인에게서는 그런 일이 있을 수 없다. 아이들의 호기심을 끝까지 격려해 주는 유대인 교육에서 얼굴색은 살색이어야 한다는 편견은 무서운 걸림돌이 된다고 믿는다.

준우의 유대인 유치원에서는 정형화된 교육지침서도, 수학이나 영어 문제집도 본 기억이 없다. 지금 초등학교 3학년에 다니는 준우는 어느 날 숙제를 하다가 나에게 이렇게 말했다.

"내 인생 최고의 시간은 유치원이었어요! 어떻게 그때는 학교에서 놀기만 해도 선생님께 혼나지 않았을까요?"

준우가 유치원에서 한 일은 자유로운 놀이, 그림 그리기, 음악 들으며 따라 부르기, 책 읽고 이야기하는 스토리 시간이 전부였다. 자전거를 타는 아이, 미끄럼틀이나 그네에서 노는 아이, 모래성을 쌓는 아이, 역할놀이를 하는 아이 등 야외 놀이터나 실내 놀이터에서 뛰어 노는 아이들은 저마다 좋아하는 놀이를 용케도 찾아낸다. 하루의 많은 시간을 그림 그리기나 음악을 배우는 데 할애하는 것도 유대인 학교의 큰 특징이다.

유대인 부모들은 아이의 유아기 때 예술교육을 중요시한다. 준우의 같은 반 유치원 친구 중 상당수가 5세가 되면서 바이올린, 피아노 등 음악을 배우기 시작했다. 그리고 자유로운 그림 그리기를 통해 아이들의 사고의 폭을 넓혀 가도록 노력한다.

나의 유대인 친구 미하엘의 여동생은 아이들이 2~3세가 되면서 가장 먼저 '미술교육'을 했다. 그림 그리는 법을 가르치는 것이 아니라 상상하고 창의력을 키우는 예술 활동을 한다. 이러한 어린 시절 창의적인 미술교육이 아이의 머리를 유연하게 만든다고 믿는다. 머리가 유연해지면 아이들의 상상력은 단순한 공상을 넘어 생각을 심화시키고 현실화시킬 수 있는 것이다.

실제로 유대인이 많이 거주하는 뉴욕 맨해튼에는 유대인식 미술 과외 선생님의 인기가 대단하다.

예술에서 활용하는 상상력은 인문학뿐만 아니라 과학에서도 중요한 역할을 한다. 미국 내 대학들은 신입생을 선발할 때 음악, 미술, 체육 활동에 가산점을 부여한다. 눈에 보이는 지식을 습득한 암기 천재가 아닌 창조적 사고를 하고 사회성이 발달하여 리더십 있는 학생들을 선발하고자 하는 것이다.

무엇보다 유대인 유치원에서 준우가 가장 많은 시간을 보낸 것은 '책 읽고 대화하기'이다. 다양한 책을 읽고 아이들은 책의 내용에 대해 자유롭게 질문하며 대화한다. 이 시간이 되면 대부분 아이들의 눈이 반짝이다 못해 쏟아져 내릴 것 같은 착각이 들곤 한다. 질문도 많고 아이디어도 많아 책을 읽고 나면 항상 시끄럽기 일쑤다.

유대인 부모와 선생님은 아이들이 어릴 때부터 질문하는 습관을 기르도록 가르친다. 질문은 두뇌를 자극하는 최선책이라 믿기 때문이다. 중요한 것은 선생님, 부모 할 것 없이 어른들은 아이가 엉뚱한 질문을 해도 더 칭찬하고 자극한다. 아이가 하는 엉뚱한 질문은 어린 아이가 하는 사고의 처음이나 중간 과정이기도 하며, 새로운 것을 창조해내는 출발점이기도 하다.

지식을 가르쳐야 할 때, 유대인 유치원에서는 남다른 방식을 활용한다. 바로 '프로젝트화' 하는 것이다. 예를 들어, '애벌레의 삶'에 대해 5~6세 아이들에게 교육을 시켜야 한다면, 먼저 동네 어린이 극장에서 공연하는 '애벌레의 삶'에 관한 짧은 연극을 보러 소풍을 간다. 연극을 보기 며칠 전부터 관련 책을 반복적으로 읽으며 아이들에게 흥미를 불러일으키고 전반적인 아이디어를 갖도록 도와준다. 그리고 돌아와서는 연극에서 느낀 점을 대화로 이야기 나누는 시간을 갖는다.

그리고 지점토를 이용해 애벌레를 직접 만들고, 그림을 그리는 예술교육은 절대 빠지지 않는다. '애벌레가 나비가 되는 과정'에 대한 복잡한 개념을 가르칠 때는 선생님이 직접 두루마리 화장지를 이용해 아이들 눈앞에서 일련의 과정을 보여 준다. 아이들도 직접 두루마리 화장지에 감겨 있다가 나비처럼 팔을 활짝 펴고 날갯짓을 해본다.

이렇게 직접 역할놀이를 통해 눈으로 보고, 체험하며 그것을 음악, 미술, 토론 등으로 되짚어본다. 이러한 일련의 과정은 수개월에 걸쳐 진행되고 아이들은 애벌레가 나비가 되는 과정을 통합적으로 사고하는 능력을 배우게 된다.

#02 유대인 엄마는 장난감 사러 갈 필요가 없다

2015년 내가 사는 동네에서 《카인의 두 얼굴》의 저자 댄 킨들런 박사가 강연을 한 적이 있다. 이때 참석한 친구 세라는 킨들런 박사의 강연 내용 가운데 가장 감명 깊은 이야기를 들려주었다.

"마음껏 뛰어 노는 것이 아이들 학업과 정신건강의 최고 처방전이다."

내 유대인 친구들에게 있어 '놀이'는 쉬는 시간의 여가 활동이 아니다. 놀이를 통해 아이의 호기심을 자극한다. 자유롭고 다양한 놀이는 유대인이 중요하게 생각하는 '조기교육'의 핵심이다. 인간은 9세까지 '창의력' 기능을 담당하는 우뇌 발달이 이루어진다. 유대인들은 이 기회를 놓치지 않는다. 그리고 유대인 방식의 조기교육을 통해 아이의 창의력과 직관력을 키우는 소중한 기회로 삼는다.

한국에서 미국으로 오기 전 고가의 교육완구를 사다가 미국으로 보냈던 기억이 난다. 유대인 부모들은 아이들의 장난감으로 교육완구를 선택하지 않는다. 주위에 있는 하찮아 보이는 그 무엇이고 장난감이 되고 교구가 될 수 있기 때문이다.

이스라엘에서 방문한 리아드의 할머니 헤나는 아이들과 대화를 즐기는 전형적인 유대인 할머니이다. 어느 날 저녁식사를 마치고 우리 가족은 리아드네 집에서 간단한 티타임을 갖게 되었다. 어른들만의 대화를 즐기느라 여념 없던 나에게 준우가 살며시 다가와 새로운 장난감을 내밀었다. 집에 오는 차 안에서도, 집에 와서 잠들기 전까지도 손에서 한순간도 내려놓지 않고 가지고 놀던 준우의 새로운 장난감은 다름 아닌 '치즈 껍데기'였다.

헤나는 아이들이 먹고 버린 베이비벨Babybel 치즈 껍데기로 하트 모양도 만들고 지팡이, 라이트 세이버lightsaber (영화 스타워즈 속 제다이가 들고 있는 광선무기) 모양 등을 만들며 아이들의 상상력과 호기심을 자극해 주었다.

나에게 있어 준우와 놀아주기는 여간 힘든 일이 아니다. 한참을 고민하고 계획해야 하고, 계획이 세워지면 함께 마트에 가서 필요한 도구를 사고 세팅한다. 한마디로 '날 잡고 놀아주기!' 방식이다. 그렇게 걸리는 시간과 돈, 스트레스로 나의 에너지는 시작하기도 전에 방전되고 만다.

하지만 유대인에게 있어 아이들과 놀아주기란 삶 속에서 자연스럽게 이루어진다. 그러므로 유대인 부모에게는 장난감을 사러 갈 시간도 교구를 마련할 금전도 특별히 필요가 없다.

그렇다고 유대인 부모들이 전혀 장난감을 구입하지 않는 것은 아니다. 다만 유대인 부모들은 그 놀이를 위한 도구를 고가의 장남감이나 교구에 한정짓지 않고 생활 속 모든 것에서 아이디어를 얻어낸다. 먹다 남은 치즈 껍데기를 플레이 도우처럼 활용하고, 나뭇잎과 나뭇가지를 교구처럼 이용하며, 상점의 간판과 도로 표지판은 글을 배우는 아이들의 교과서가 되기도 한다.

사실 이러한 과정은 말로는 쉬워 보이지만 대단한 창의력과 아이디어가 필요하다. 유대인 부모들은 주변의 모든 것을 관찰하고 그 속에서 아이에게 기쁨을 줄 만한, 그리고 아이에게 교육이 될 만한 기회를 찾아내려 애쓴다. 특히 대다수의 유대인 부모는 시간, 장소를 불문하고 아이와 끊임없이 대화하며 소통하는 것이 최고의 장난감이라 여긴다.

　유대인 부모들의 '주변을 관찰하는 습관'과 '기회를 찾기 위한 끊임없는 상상력'은 자연스럽게 창의력을 길러내며, 세상 모든 것을 장난감으로 만들 수 있는 아이디어로 넘쳐나게 한다. 그렇게 탄생한 새로운 장난감은 정서적, 지적 자극을 준다. 유대인 부모는 아이를 즐겁게 하는 '놀이'야말로 창의력을 높여 주고 인격형성에 도움이 될 뿐 아니라 그 나이에 맞는 '참다운 공부'를 하게 된다고 믿는다.

#03 왜 바다는
빨강이나 노란색이 아니라
파란색이죠?

당장 눈앞에 보이지 않는 추상적인 것을 상상하는 것은 생각보다 어렵다. 유대인은 아주 어린 시절부터 '하나님'이라는 추상적인 존재에 대해 상상한다. 그리고 《토라   》(구약성서 첫 다섯 편으로 유대교 경전)를 공부한다. 유대인 친구들 가운데 비종교인 친구들도 하나님과 《토라》에 대해 아이들에게 가르친다. 이는 종교이기 이전에 그들의 역사이기 때문이다.

또한 기원전 500년부터 서기 500년까지 구전되어 오는 이야기를 엮은 《탈무드》 속에는 추상적인 존재들과 메시지로 가득하다. 이 추상적인 이야기를 아이들에게 전하고 질문한다. 그리고 아이들이 호기심을 갖고 생각하며 사고할 수 있도록 유도한다.

"이모, 왜 바다는 빨강이나 노란색이 아니라 파란색이죠? 왜 바다는 짜요? 왜 하늘은 하얀색이나 초록색이 아닌 하늘색이에요?"

준우와의 플레이데이트(약속을 정해서 아이들이 함께 놀 수 있도록 하는 것)를 끝내고 요나탄 (영어식 발음은 조나단이지만 히브리어식 발음으로 요나탄이라 함)과 여동생 리비를 집으로 데려다 주고 있었다. 이스라엘에서 물리학자였던 엄마 시갈릿의 영향을 받아 물리학자가 꿈인 요나탄은 이날도 어김없이 나에게 수많은 질문을 쏟아냈다.

바다가 파란색인 것에 대해 한 번도 의문을 품어본 적 없는 나에게 이런 추상적인 질문은 말문을 막히게 했다. 너무 당연하다는 생각에 그냥 지나치고 말았던 것들에 상당수 유대인들은 의문을 제기하고 끊임없이 탐구한다.

주변에 쉽게 지나치기 쉬운 것들에 갖는 호기심은 자연스럽게 창의력을 높여 준다. 그리고 그 호기심의 출발점은 부모와의 자연스러운 대화에서 시작된다. 그들의 대화는 시간과 공간의 구애를 받지 않는다. 요나탄의 부모인 내 친구 야론과 시갈릿은 평소 차에 타기만 하면 아이들과 서로 질문하고 대화를 하는데, 주로 길을 가다 번

뜩이는 눈에 보이지 않는 것들에 대한 궁금증들이다. 매일 아침저녁 등하굣길은 서로 아이디어를 나누는 최고의 시간이 된다.

반면 대부분 우리의 실상은 눈에 보이는 것에 급급해 있다. 고가의 유모차, 새로 출시된 가방, 내 아이의 성적 등 내 눈앞에 실제로 보이는 것에 목을 매고 산다.

나는 유대인 친구들을 만나면 신기한 소리가 들린다. 눈에 보이지 않는 이 소리는 바로 '머리가 돌아가는 소리'이다! 유대인은 아무리 복잡하게 얽혀 있는 문제라도 매듭을 찾기 위해 생각하는 것을 포기하지 않는다. 내 눈에는 아무것도 보이지 않는데 내 유대인 친구들은 허공을 보고도 끊임없이 사고한다.

《꿈의 해석》으로 유명한 지그문트 프로이드는 대표적인 유대인 심리학자이다. 그는 정신분석학파의 창시자로 눈에 보이지 않는 '무의식'과 '자아'를 세상에 등장시킨다. 유대인들은 눈에 보이는 것보다 당장 눈앞에 보이지 않더라도 가치 있는 것이 있다고 믿는다.

"유대인답게 살려면 몸을 움직이기보다 두뇌를 사용해야 한다"는 말이 있다. 두뇌를 사용한 깊은 사고력은 창조의 밑거름이다.

#04 미래를 예측하는
열쇠는 창조

'경영학의 아버지'라 불리는 피터 드러커는 이렇게 말했다. "미래를 예측하는 가장 좋은 수단은 새로운 것을 창조하는 것이다." 미래를 예측하기 어렵지만 우리는 그것을 창조할 수 있다.

이스라엘 공용어를 의미하는 '히브리어'의 '히브리'라는 단어는 '혼자서 다른 쪽에 선다'라는 의미이다. 남과 비교하고 경쟁하는 세상의 승자는 언제나 한두 명뿐이다. 하지만 남과 다른 능력을 갖추고 다른 쪽에 선다면 가능성은 열려 있다. '형제의 머리를 비교하면 양쪽 다 죽이지만, 개성을 비교하면 양쪽 다 살릴 수 있다'는 유명한 말이 있다. 그리고 이 말은 무한한 희망을 내포하고 있다. 내가 남과 다르더라도 비정상적인 것이 아니라는 희망, 내가 일등이 아니더라도 성공할 수 있다는 희망이다.

유대인 친구들은 실제로 남보다 뛰어나기보다 '남과 다른 아이로 키우려고 노력한다. 남이 가보지 않은 새로운 길을 스스로 개척하도록 하는 것이다. 아무도 가본 적 없는 새로운 길을 가는 것은 큰 용기가 따른다. 그곳에 어떤 어려움이 있을지, 옳은 선택일지 불확실하기 때문이다. 하지만 남이 한다고 따라하는 아이는 평생 '팔로워'에 그치고 만다. 아무도 가지 않은 길을 개척하는 유대인은 남을 이끄는 리더가 될 확률이 높다.

유대인은 새로운 것에 대한 도전을 즐긴다. 그리고 자연스럽고 당연하게 도전한다. 새로운 도전은 실로 어렵고 대단한 것을 창조해내기도 한다. 이렇게 유대인은 끊임없는 새로운 창조를 통해 세계 역사를 발전시켜나가고 있다. 그 대표적인 예로, 미국 7대 메이저 영화사(파라마운트, MGM, 워너브라더스, 유니버설스튜디오, 녹스, 컬럼비아, 디즈니) 가운데 디즈니를 제외한 여섯 군데의 창업주는 유대인이다. 넥타이를 만들어 팔기 시작하며 패션업계의 새로운 지평을 연 랄프 로렌도 대표적 유대인이다. 그의 딸 딜런 로렌은 '딜런 캔디 바를 창업했다. 세계 각지에서 온 7,000여 개의 캔디를 모아놓은 '부티크형 캔디숍'은 미국 내에서 많은 사람을 열광시키고 있다. 1880년대 칼 마르크스는 지금 벌어지고 있는 자본주의의 미래를 예측하고 '공산주의론'을 탄생시켰다. 유대인인 그는 세상을 반으로 갈라놓았다. "언어의 한계는 곧 세계의 한계를 의미한다"라고 말한 비트겐슈타인은 언어학의 지평을 연 철학자이다. 죽을 결심을 하고 제1차 세계대전에 참여했지만 살아남아 '운명을 거스른 남자'라고도 불린다. 그는 실증주의에 입각한 철학적 사고가 주류가 된 사회에서 '언어철학'을 새롭게 등장시킨 용기 있는 유대인 철학자이다.

아인슈타인은 학창시절 '학습 장애' 판정을 받았지만 엄마의 열렬한 후원으로 최고의 과학자가 되었다. 남과 똑같이 하길 강요하기보다 아들의 천재성을 믿고 격려해 준 엄마 덕분에 그는 '일반상대성이론'을 세상에 등장시키며 물리학 역사의 새 지평선을 열었다.

유대인 교육의 목적은 이론을 가르치는 것이 아니다. 기존의 이론을 어떻게 개선하고 바꿔나갈지 고민하도록 가르친다. 그러한 혁신을 위해서는 선행되어야 할 과제가 있다. 바로 '고정관념 없애기'와 '끝없는 상상력'이다. 틀에 짜인 패러다임에서 탈출하지 않으면 새로운 아이디어를 얻을 수 없다.

우리는 손에 익고 귀에 익은 것에 익숙해져 있다. 익숙함에서 벗어나려는 도전은 큰 용기가 필요하다. 유대인은 그 용기로 인류의 발전에 이바지해왔다. 유대인은 어떤 권위 있는 해답도 정해 놓지 않는다. 오히려 기존 사고의 틀을 깨고 자유롭고 독창적인 생각을 한다.

각자 생각을 자유롭게 밝혀야 지혜기 샘솟는다. 그렇게 샘솟는 지혜는 새로운 길을 여는 열쇠가 되고 창조의 원천이 된다. 앞으로의 시대는 '창조하는 자'가 리더가 될 수밖에 없다. 그리고 그 창조는 미래를 예측하는 최고의 열쇠이다.

#05 Something from Nothing

유대인들의 창조에 대한 열망은 간혹 허무한 공상에서 시작된 '비현실적 사고'라고 생각되기 쉽다. 하지만 유대인은 그 어떤 민족보다 현실적이고 합리주의를 중요시하는 민족이다. 하나님을 믿지만, 천국과 지옥에 대해 아이들과 이야기하지 않는다. 헛된 공상과 창조적인 상상력의 차이를 명확히 알고 있는 유대인들은 '기적'을 믿지 않는다.

준우의 유대인 유치원 입구에는 작은 도서관처럼 책장 가득 책이 꽂혀 있다. 어느 날 《Something from Nothing》이라는 책이 눈에 띄었다. '기적'을 믿지 않는 합리주의 유대인에게 '무에서 유를 만들어 낼 방법'이 도대체 무엇일까? 아무것도 없이 무엇인가를 창조할 수 있을까? 궁금했다.

조셉은 갓난아기 시절, 할아버지에게 손으로 직접 만든 작은 담요를 선물 받는다. 몇 년 후, 조셉 엄마가 오래된 낡은 담요를 버리려 하자 조셉은 할아버지에게 가지고 간다. 할아버지는 작은 담요를 재킷으로 탄생시킨다. 그렇게 조셉이 성장하며 재킷은 조끼가 되고 조끼는 멋진 넥타이가 되고 마지막으로 넥타이는 작은 단추가 된다. 하지만 조셉은 이 단추를 시냇가에서 잃어버리고 만다. 그러자 조셉의 엄마와 할아버지는 조셉에게 이렇게 이야기한다. "조셉, 이젠 아무것도 없으니 할아버지도 무엇인가를 만들어낼 수는 없단다."
조셉은 어느 날 학교에 펜과 종이를 갖고 가서는 "여기에 내가 새로운 것을 만들어낼 충분한 재료가 있어"라고 중얼거리며 글을 써 내려 간다. 그리고 조셉은 훌륭한 책을 만들어 가족에게 가져간다. 자신이 겪었던 경험을 하나의 이야기로 만들어낸 것이다.

이 책에는 무작정 바라는 기적은 없다. 하지만 기적보다 대단한 가르침, '기발한 아이디어'가 있다. 이 기발한 아이디어는 나를 중심으로 일어나는 수많은 사소한 것들로부터 시작된다. 이 책 속에서 작은 담요의 흔적은 단추를 잃어버리며 사라졌지만, 그 기억은 조셉의 머리에 남아 있다. 그리고 그 기억으로 이야기를 만들어낸 것이다.

유대인들이 말하는 '창조'라는 것은 우리가 생각하는 공허한 상상, 무작정 빌고 바라는 비현실적인 것에서 시작하는 것이 아니다. 이치에 맞는 합리적인 사고이지만 동시에 틀을 깨고 날갯짓하는 초현실적인 것에서 시작한다. 내 손이 비었다고 하여 아무것도 없는 것이 아니다. 발상을 조금만 전환하면, 아주 작은 것도 그냥 지나치지 않고 의미를 부여한다면 세상에 창조할 것들로 넘쳐난다.

경험은 상상력에 가장 큰 영향을 미친다. 하지만 창조는 경험에 100퍼센트 의존하거나 '논리'의 틀에 갇혀서는 불가능하다. 경험을 토대로 하지만 그 경험을 기존의 틀을 깨고 나와 '창의력과 상상력'을 발휘해 새로운 것을 만들어내는 것이다. 새를 보면서 '인간도 새처럼 하늘을 날 수 있을까?'라는 비논리적인 상상을 시작으로 비행기가 만들어졌다. 비논리가 상상력을 발휘해 논리가 된 것이다.

유대인 부모들은 아이들과 함께 가족여행을 통해 상상력과 호기심을 자극한다. 실제로 주변의 많은 유대인 친구는 가족여행을 무척 중요하게 여긴다. 새로운 환경을 눈으로 보고 즐기며 상상하고 기억한다. 그 기억은 창조의 씨앗이 된다고 믿는다.

영화계 거장 스티븐 스필버그의 아빠는 어느 날 밤하늘 유성이 쏟아질 것이라는 일기예보를 듣게 된다. 열세 살이던 스티븐 스필버그를 데리고 아빠는 한밤중에 사막으로 차를 몰았나. 그리고 사막에 도착해 담요를 깔고 바닥에 누워, 하늘 가득 쏟아져 내리는 유성을 감상했다. 이렇게 성장한 스티븐 스필버그는 《E.T.》를 비롯한 수많은 명작을 탄생시킨다.

관찰하고 꿈꾸며 사고하는 것에는 학벌도, 나이도, 경제적 수준도 상관없다. 세계를 놀라게 하는 수많은 새로운 개척자들은 비현실적인 기적을 바라지 않았다. 하지만 논리의 틀을 깨고 나와 자유로운 창조적 상상력으로 새로운 지평을 열었다.

#06 웃음소리가 떠나지 않는 교실

준우를 유대인 유치원에 보내야겠다고 마음먹은 나는 유치원을 한 번 둘러봐야겠다고 생각했다. 내심 '그곳에 가면 키파를 쓴 아이들이 《토라》나 《탈무드》를 읽으며 공부하고 있겠구나!'라고 생각하며 그 모습을 두 눈으로 볼 수 있다는 기대감에 설렜다.

그런데 실제로 본 유치원 모습은 상상과 달랐다. 자전거와 스쿠터를 타는 아이, 나무에 올라가는 아이, 온통 흙먼지에 둘러싸여 모래성을 쌓는 아이…, 아이들은 교실 밖 놀이터에서 자기가 원하는 대로 아주 자유롭게 뛰어 놀고 있었다.

학년이 높은 교실에 가 봐도 그림 그리는 도구와 장난감으로 가득 차 있을 뿐이었다. 온통 놀이가 일과인 아이들은 모두 즐겁게 조잘대며 웃고 있었다. 해맑게 웃고 즐기는 아이들의 행복한 얼굴을 보면서 유대인 유치원이 내 아이에게도 더 없이 좋은 놀이터가 되리라 확신했다. 실제로 준우가 유치원을 다니며 유대인들의 자유롭고 개방적인 교육이 만들어내는 큰 차이를 몸소 체험할 수 있었다.

웃음소리가 없는 교실은 아이들을 지루하게 한다. 지루한 교육은 아이들이 학교 가기 싫어하고 공부하는 것을 멀리하게 만든다. 어린 아이들은 배움의 그릇을 만들어가는 과정에 있다. 부모와 학교 선생님은 아이의 그 그릇을 최대한 부드럽고 유연하게 만들도록 도와주어야 한다. 행여나 부모의 욕심에 아이들에게 스트레스를 준다면 그릇은 채 늘어나기도 전에 딱딱하게 굳어버리고 만다. 그렇게 딱딱하게 굳어버린 그릇은 나중에 아무리 노력해도 키울 수가 없다.

유대인 부모들은 나중에 땅을 치고 후회하지 않기 위해 어린 시절 아이들의 '배움의 그릇 만들기'에 열과 성의를 다한다. 배움을 좀 더 재미있고 즐거운 놀이로 인식해 스스로 호기심을 갖고 지식을 찾아 헤맬 수 있는 재미에 푹 빠뜨린다.

"만약 네가 《토라》를 통해 변화하고 성장하려는 것이 아니라 지식만 습득한다면, 너는 진정으로 《토라》를 배우는 것이 아니다."

-교육자 보니 코헨

유대인은 단순히 암기하는 지식을 강요하지 않는다. 교육을 통해 바뀌고 성장하는 것이 교육의 본질이라 믿기 때문이다. 변화하고 성장하는 교육은 아이들에게 질문하게 하고 상상하게 하며, 결국 즐거움에 흠뻑 빠져들게 한다. '즐기는 사람은 이길 수 없다'라는 말을 실감하게 하는 것이다. 그렇게 깊이 뿌리내린 교육은 수많은 가지로 열매를 맺는 것이다.

아이가 무엇을 좋아하는지 파악해내다

유대인 엄마들은 "아이들이 공부를 싫어하는 일등공신은 부모의 잔소리"라고 이야기한다. 특히 아이들이 어린 시절 공부가 '지루한 것'이라는 인식을 갖게 될까 봐 노심초사한다. 유대인에게 있어 배움은 '인간에게 즐거운 일'이다. 그리고 어린 아이들이 배움을 즐거운 일로 받아들이도록 하는 것이 부모의 역할이다.

유대인 엄마들은 아이가 먼저 "나는 무엇이 좋아요!"라고 말할 때까지 기다리지 않는다. 아이가 흥미를 갖고 호기심 갖는 것이 무엇인지 끊임없이 관찰하고 파악해낸다.

최근 '포켓몬스터Pokemon'에 관심을 갖게 된 준우는 일주일 만에 150개나 되는 포켓몬스터의 이름과 특성을 줄줄 외운다. 축구, 농구, 야구 등 새로운 운동을 시작하면 준우는 그 운동의 역사와 시대별, 국가별 운동선수들에 대해 찾아본다. 이렇게 물고기를 좋아하는 아이는 물고기 박사, 비행기를 좋아하는 아이는 비행기 박사가 된다.

유대인 부모는 이 기회를 잡기 위해 끊임없이 관찰한다. 그리고 그 기회를 잡으면 아이가 지식을 확장해갈 수 있도록 안내자 역할을 자처한다. 예를 들어 '로켓'에 관심을 두게 된 아이를 위해 '천체박물관'에 데려가 현장학습을 시키고, 우주에 대해 그림을 그려보며 흥미를 돋운다. 그리고 관련된 책을 빌려 수많은 정보를 통해 지식을 쌓게 한다. 그것의 연장선상으로 글을 쓸 수 있는 아이라면 글로 우주에 관한 이야기를 만들어 보도록 격려한다. 로켓에서 시작된 관심은 우주 전체에 대한 이해, 천체학, 과학 등 수많은 지식을 통합적으로 받아들이게 한다.

유대인 유치원에서는 '무지개'라는 단어를 어떻게 쓰는지 가르치지 않지만, 무지개가 무엇인지 정확한 정의를 설명할 수 있도록 가르친다. 그리고 무지개를 그림으로 그리게 하고 관련 이야기를 들려주기도 한다.

준우는 유대인 유치원에서 오감으로 체험하는 교육방식을 배웠다. 현장을 찾아가 보고 느끼는 체험학습, 함께하는 공동체 활동, 대화와 토론의 하브루타 교육havruta(짝을 지어 토론과 논쟁을 하며 《탈무드》를 공부하는 교육법)이 주를 이룬다. 아이가 스스로 선택할 수 있는 자유로운 일상놀이, 그리고 하나의 과제를 통합적으로 완성하는 프로젝트 교육을 통해 우리가 이상향으로 꿈꾸는 통합 교육을 실천하고 있었다.

아이들의 호기심으로 시작된 공부는 '괴롭고 지겨운 것'이 아니라 '즐겁고 재미있는 배움'이 된다. 배움의 첫 시작은 재미있어야만 한다는 유대인들의 풍습은 아이들을 배움에 빠져들게 하고 천부적인 재능을 길러내기도 한다.

#07   배움은
꿀처럼 달콤하다

캘리포니아 시나고그Synagogue(유대인 회당)에 있는 랍비 사무엘은 나에게 한 아이의 엄마와 있었던 일화를 들려주었다.

　어느 날 시나고그 멤버인 한 유대인 엄마가 찾아와 도움을 청했다고 한다. 아이가 사춘기를 겪고 있는지 웃지도 않고 생기도 없고, "인생이 행복하지 않다"라는 말을 자주한다는 것이다. 그래서 사무엘에게 자기 아들과 상담해 줄 것을 부탁했다. 그는 "그럼 다음 주 월요일 4시부터 5시 사이에 아이를 데리고 오시면 성심껏 상담해보겠습니다"라고 대답했다. 하지만 피아노 강습이 있어 그날은 시간이 안 된다는 아이 엄마는 화요일, 수요일, 목요일은 수학과외, 체육, 음악 등 아이의 바쁜 일정을 늘어놓았다.

사무엘은 나에게 이렇게 말했다.

"요즘 아이들은 나보다 훨씬 바쁜 일정을 가지고 있어요. 나는 그 아이를 만나보기도 전에 이미 왜 행복하지 않은지 이유를 알 수 있었지요."

요즘 아이들은 공부하라는 부모의 강압에 자유롭게 뛰어놀 시간이 없다. 그나마 저학년 때는 스포츠와 예술활동을 즐기지만 그마저도 모두 교실 안에서 부모의 강압으로 시작된다. 미국의 '사커맘 Soccer Mom(축구 연습하는 아이를 지켜볼 정도로 교육에 열성인 미국 엄마)'들은 공부뿐 아니라 축구에서조차 아이가 최고가 되기를 바란다. 학년이 올라갈수록 과열되는 주말 스포츠는 아이에게 또 다른 스트레스가 되고 만다.

유대인 유치원에서 미국 공립학교 유치원으로 다니기 시작한 준우가 알파벳을 처음 배울 때의 일이다. '유대인 교육을 받았으니 천재적 기질을 가지고 뭐든 빨리 배워야 하는 것 아닐까?' 기대하던 나에게 온갖 실망감이 찾아올 무렵, 나는 알파벳 가르치는 것이 세상에서 제일 어려운 일이라는 것을 깨달았다. 그리고 유대인 유치원 원장 데보라를 찾아가 내 고민과 스트레스를 털어놓았다. 데보라는 간절한 눈빛을 보내며 이렇게 말했다.

"절대 강압적으로 준우를 가르쳐서는 안 돼요! 준우가 '공부는 지겹고 힘든 것'이라는 생각을 하는 순간 준우의 뇌는 90퍼센트 닫히고 말아요. 그러니 즐거운 생활 속에서 가르칠 수 있는 법을 고민해야 해요." 그리고 데보라는 구체적인 방법들을 제시하며 실천해보라고 권했다.

* 맛있는 알파벳 과자를 사서 게임을 하며 익힌다.
* 등하교 때 길가에 있는 수많은 표지판이나 길 이름 등을 그냥 지나치지 말고 읽어보도록 한다.
* 짧은 책을 읽을 때도 아이 혼자 읽으면 지루해할 수 있으니 엄마와 한 줄씩 읽기 등 놀이를 만들어 읽힌다.
* 덧셈 뺄셈을 배우기 위해 엄마와 물건을 사고파는 놀이를 해본다.

유대인 학교의 교사들은 단순히 지식을 주입하는 교육을 하지 않는다. 아이들 수준에 맞는 놀이와 일상에서 쉽게 구할 수 있는 소재로 재미있는 통합교육이 주가 된다. 이렇게 모든 교육에는 '재미'

가 기본이다. 유대인 부모들은 뭔가를 가르치려고 아이들과 놀아주지 않는다. 물론 놀이를 통해 동전을 배우게 하고 수학을 경험하게 하지만 아이와의 긍정적인 소통에 더 중점을 둔다. 정서적 교감을 통해 놀이가 재미있고, 재미있는 놀이를 통해 배우고 싶어서 또 배우는 일거양득의 성과를 얻는다.

유대인 유치원에서는 첫 수업으로 22개의 히브리 알파벳을 꿀을 찍어 손가락으로 쓰게 한다. 그리고 달콤한 과자나 사탕을 준비해 배움의 달콤함을 맛보게 한다. 이러한 유대인 풍습은 '배움이라는 것이 꿀처럼 달콤하다'라는 생각을 아이들에게 자연스럽게 심어 준다.

또한 미국 대선을 앞두고 아이들의 '모의 투표소'가 마련되기도 한다. 색색별 종이에 아이들은 '투표'를 실제로 경험함으로써 어른들의 것으로만 여겨지는 정치나 선거에 대해 자연스럽게 친숙함을 기른다.

학년이 올라갈수록 아이와의 놀이 역시 진화한다. 초등학교 1~2학년이 되면서 유대인 친구들은 아이들과 대화를 통한 놀이를 한다. 대화는 재치 있는 입담이나 유머러스한 게임이 주를 이룬다. '지성의 꽃'이라 불리는 유머를 길러 주기 위해 많은 대화를 하는 것이다.

이스라엘에서 유대학을 공부하고 사립학교 교사 출신인 나의 절친 리모어는 준우에게 《유머 수수께끼》라는 한 권의 귀중한 책을 선물해 주었다. 준우는 한동안 이 책에 푹 빠져 있었다. 이 책의 내용 중 준우가 가장 좋아하는 내용을 소개하면 이렇다.

'야구선수가 어떻게 집을 잃게 되었을까?'

정답은,

'야구선수가 홈런Home run을 쳤기 때문이다.'

우스꽝스럽지만 재치 있는 유머로 가득한 이 작은 책은 한동안 준우와 주변 친구들에게 큰 즐거움을 주었다. '수수께끼와 농담은 머리를 날카롭게 하는 숫돌'이라는 유명한 유대 격언이 있다. 아이 수준에 맞는 수수께끼 질문은 어휘력은 물론 사고력을 키우게 한다. 아이와 대화하고 함께 놀아 주는 것이 아이의 호기심과 창의력을 향상시키는 데 결정적인 역할을 한다는 것을 잊어서는 안 된다.

#08   배움의
연속

전 미국 국무부장관 헨리 키신저의 유명한 일화가 있다. 유대인 출신 헨리 키신저는 늘 책을 읽는 아버지를 보고 그 모습을 흉내내며 공부했다. 결국 그는 시대를 대변하는 유명한 외교관으로 이름을 알린다.

반면 자유와 즐거움을 빼앗기고 입시와 성적에 맞춰 공부만 하던 아이는 대학에 들어가는 순간 배움에서 손을 놓는다. 대학 간판으로 인생의 모든 성취가 끝나고, 이름 있는 회사에 들어감과 동시에 배움은 로그아웃 된다.

하지만 유대인은 '인간은 태어나서 죽을 때까지 배움의 연속'이라고 생각한다. 그렇기 때문에 어린 시절 뛰어 놀 수 있는 시기에는 마음껏 논다. 그리고 아무리 늙어도 배움은 공기나 물 같이 평생 함께하는 것이라고 여긴다.

미국 최고의 작가 노먼 메일러는 제2차 세계대전 경험을 소개한 소설《벌거벗은 자와 죽은 자 Naked and the Dead》를 시작으로 토미 리 존스가 주연한 영화 원작《남자의 진실 The Executioner's Song》등 유명작을 남겼다. 59년 일생 동안 12편의 소설을 남기며 왕성한 작품 활동을 했다. 노먼의 마지막 작품《숲속의 성 Castle in the Forest》은 가장 호평을 기록하고 노먼은 작품이 완성된 몇 달 뒤 생을 마감한다. '내가 이 세상에 태어난 거대한 이유가 무엇일까?' 고민하며 끊임없이 자기계발에 힘쓴 노먼 메일러 역시 유대인이다.

우리는 자녀가 학업을 마치고 직장에 들어감과 동시에 실질적인 부모의 역할도 끝났다고 생각한다. 하지만 유대인 자녀는 자녀로서 할 역할, 부모는 부모로서 할 역할이 평생 이어진다고 믿는다. 그리고 부모는 평생 배움의 자세로 자신을 갈고 닦는다. 아무리 나이가 많이 들어도 부모는 자녀에게 기대지 않고 부모로서 해야 할 역할을 평생 해나간다.

'현인은 없으나 현명하게 공부하는 사람은 있다'라는 유대 격언이 있다. 인간은 태어나면서부터 평생 배우며 살아가는 존재이다. 배움을 멈추면 지금까지 익힌 것들을 한순간에 잃게 된다. 열심히 공부해 일류대학에 가고 비싼 비용을 들여 어학연수를 다녀왔지만 배운 것을 모두 잊어버리고 부모가 되는 것이다. 내가 잊은 것을 되찾고자 하거나 학창시절 내가 이루지 못한 꿈을 아이를 통해 이루고자 우리는 아이의 공부에 집착하는 것이 아닐까?

골목길 교육학

우리 아이들은 여러 명의 교사로부터 다양한 액티비티를 배운다. 수학 교실, 영어 교실, 피아노 교실, 과학 교실, 요리 교실, 축구 교실 등 셀 수 없이 많다. 또 학교에 다니지 않는 유아기 어린 아이들은 문화센터에 다니기도 한다.

준우에게 자전거 타는 법을 알려 주며 나는 자전거를 누구에게 배웠는지 생각해보았다. 초등학교 3학년 때 한 동네에 살던 같은 반 친구에게서였다. 그 친구는 이미 자전거를 탈 줄 알았는데 네 살 많은 동네 오빠에게 배웠다고 했다. 그 친구의 조언에 따라 자전거를 끌고 언덕을 올랐다. 언덕 꼭대기에서 자전거를 타고 발로 살짝 밀어만 주면 내리막길에 페달을 밟지 않아도 내려갈 수 있으므로 균형

잡는 법을 터득할 수 있었다. 균형을 잡고 난 후에는 혼자서 페달을 밟아가며 자전거 타는 법을 익혔다.

나의 어린 시절을 돌이켜 생각해보면 학교를 마치고 늘 골목길로 향했다. 골목길의 1번 놀이터, 2번 놀이터, 3번 누구네 집 앞을 지나다 보면 동네친구들을 만나게 되고, 우리는 주변에 널린 모든 도구를 이용해 스스로 미술 학원, 과학 교실을 만들었다. 그 골목길에는 교실에서 구할 수 없는 온갖 것들이 존재했다. 고물상처럼 어지럽혀진 곳도 있고 여러 모양과 크기의 돌, 운 좋게 주운 고장 난 생활용품 등을 가지고 놀았다. 그러면서 실험정신과 탐구정신을 몸에 익혔다.

이렇게 우리 어린 시절 골목길은 자연의 품에 안겨 맘껏 뛰놀며 책이나 교실에서 배우지 못하는 것들을 스스로 느끼며 성장하게 해주었다. 이 골목길은 학교 역할을 톡톡히 해냈다. 골목길이야말로 아이들에게 이상적인 교육환경이었던 것이다.

유대인이 강조하는 호기심에서 시작한 배움, 놀이를 통한 교육은 어쩌면 내 어린 시절 골목길과 가장 흡사한 교육이 아닐까?

《탈무드》에 "스승에게 많은 것을 배웠으나 그것은 동료에게서 배운 바에 미치지 못하고, 제자들에게 얻은 깨우침과는 비교할 수조차 없다"라는 말이 있다. 조지 버나드 쇼는 "행할 수 있는 자는 몸소 실천하고, 행하지 못하는 자는 남을 가르치려 든다"라고 했다. 경험으로의 가르침과 배움의 중요성을 이야기한 것이다.

많은 여행으로 경험을 쌓고 사진을 보며 추억여행을 떠나는 유대인 가족, 수수께끼와 유머러스한 대화로 자녀와 친구가 되는 유대인은 아이와 끈끈한 유대관계를 형성하려 노력한다. 부모와 달콤한 추억 쌓기를 하고, 대화를 통해 경험을 나누면서 성장한 아이에게 힘든 일이 있을 때 부모는 진짜 친구가 되어 줄 수 있다.

작가 피터 비셀은 이렇게 말했다. "옛날이 지금보다 나은 이유는 뭔가가 하나 더 있기 때문이다. '추억'이라는 것!"

PART 2

자신의
삶과 인생에
당당한 아이

● ● '시오니즘Zionism(이스라엘 땅으로 돌아가자!)의 아버지'로 불리는 데오도어 허르 즐의 무덤은 이스라엘 국립묘지Mount Herzl 언덕 가장 위에 자리 잡고 있다. 세계적 으로 천문학적인 부귀영화를 누리거나 높은 명성을 쌓은 많은 유대인이 있다. 하 지만 부와 명예를 얻은 수많은 유대인을 뒤로 하고 사상가 허르즐이 이스라엘 국 립묘지의 첫 번째 자리를 차지한다. 국가와 민족을 위해 헌신하고 진정한 독립을 가져다준 사상가의 가치를 인정해 주는 것이다. 그리고 그 가치를 인정하는 국가 는 국민의 애국심과 정체성의 뿌리가 된다.

#01   너는
         뼛속까지
         유대인

우리 가족은 유대인 친구 리모어의 둘째아들 아밋의 브리스^{Bris}에 초
대를 받았다. 브리스란 남자아이가 생후 8일 안에 할례(포경수술)를
하는 유대인 전통의식으로 세상에 태어난 아기가 유대인으로서의
정체성을 가지는 첫걸음이기도 하다. 할례는 의사가 아닌 브리스 전
문 랍비가 진행하며, 할례를 마친 아이에게 약 대신 포도주를 먹임
으로써 의식을 마친다.

　브리스 행사에 친인척을 포함한 친구와 지인들이 한자리에 모였

다. 랍비의 축복 메시지로 브리스가 시작되었다. 이어서 아빠 데론의 메시지가 이어졌다. 데론은 전날 밤잠을 설치며 준비했다는 종이를 빼곡 채운 낭독문을 떨리는 목소리로 읽어 내려갔다. 아밋의 탄생을 축하하고 아내에게 감사의 메시지를 잊지 않으며 가족의 의미를 되새겼다. 이어서 데론은 가장 존경하는 할아버지의 이름을 아밋의 중간이름에 사용했다며 할아버지에 관한 이야기를 시작했다. 제2차 세계대전 직후 폴란드에서 미국으로 이민 왔던 데론의 할아버지는 영어를 못하는 동유럽 출신 유대인이었으며 독일 홀로코스트(제2차 세계대전 때 나치 독일이 자행한 유대인 대학살) 생존자 중 한 명이었다. 맨해튼의 작은 상점 지하에서 온 가족이 함께 지내며 어렵게 사업을 시작했던 할아버지는 큰 성공을 이루어냈고, 어떤 상황에서도 자녀교육을 게을리 하지 않았다. 그의 아들은 외과의사가 되었고, 손자 데론은 성형외과 의사가 되었다.

데론은 가족 행사에서 자신의 할아버지 이야기를 하며 감동에 북받쳐 눈물을 흘렸다. 성인 남성이 눈물 흘리는 모습에 나는 당황했지만 바로 옆에 앉은 레니 역시 충혈된 눈 안에 가득 담긴 눈물을 보면서 '내가 유대인 삶 한가운데 서 있구나!'라는 것을 느낄 수 있었다. 레니는 러시아에서 태어나 텍사스어스틴대학교에서 수학과 박사를 거쳐, 현재 미국 메케나대학교 수학과 교수로 있다.

데론이 할아버지를 비롯한 그의 가족에 대한 의미를 되새기는 동안 이야기를 듣는 그 누구도 조급해하는 이가 없었다. 데론의 감정을 그대로 공감하고 공유하는 유대인의 모습에 나는 강한 인상을 받았다.

우리의 백일잔치나 돌잔치를 떠올려보면 아기의 할머니, 할아버지 등 조상에 관한 이야기를 들어본 적이 없다. 나 역시 준우의 돌잔치를 준비하며 어떤 멋진 옷을 입혀 사진을 잘 나오게 할지, 답례품은 어떤 것으로 해야 근사할지에 온통 신경썼던 것 같다. 친인척을 불러서 축하 자리를 마련하는 것이 준우를 내 가족의 일원으로 환영하는 최선책이라 여겼다.

하지만 오늘 내가 본 유대인 가족은 한 아이를 우리와 조금 다른 방식으로 열렬히 환영해 주고 있었다. 자녀들과 증손자, 손녀들은 할아버지와 할머니를 떠올리며 가족의 역사를 되새기는 소중한 시간을 보냈다. 나는 그 한가운데에서 유대인이 '가족과 뿌리 그리고 정체성'을 얼마나 의미있게 여기며 살아가는지 온몸으로 느낄 수 있었다. 이 생소한 감정은 부끄러움과 부러움, 후회와 감동이었다.

#02 유대인에 대한 선입견

유대인 친구들을 알아가기 전 내게는 몇 가지 잘못된 편견이 있었다. 그중 하나가 유대인들은 당연히 단합하고 단결한다고 생각했다.

하지만 그들이 한 민족으로서 단합하기까지는 얼마나 복잡한 배경이 밑바탕에 깔려있는지 깨달았다. 유대인은 지난 수백 년 동안 서로 다른 국가에 뿔뿔이 흩어져 살아왔다. 그래서 각기 다른 겉모습은 물론이요 문화적 차이가 공존한다.

유대인은 출신 성분에 따라 크게 두 그룹으로 나뉜다. 아슈케나지 유대인Ashkenazi Jews(러시아, 유럽 출신 유대인)과 세파르딕 유대인 Sephardic Jews(스페인, 포르투갈, 북아프리카, 중동 출신 유대인)이다. 이들은 각기 다른 국가, 다른 문화 속에서 성장했다. 그 차이는 어쩌면 충청도, 전라도, 경상도, 강원도, 제주도 출신 사람들이 수도권에 모였을 때 겪는 괴리감과는 비교할 수 없는 것이리라.

또 다른 나의 선입견 중 하나가 유대인들이 갖는 자신감의 원천은 하나님이 선택한 민족이라는 '선민의식'에서 나온다고 생각했다. 하지만 여러 유대인을 만나면서 그런 내 생각이 잘못되었다는 것을 알 수 있었다.

밴더빌트대학교 수학과 조교수로 일하던 유대인 친구 미하엘Michael(영어식 발음은 마이클이나 히브리어식 발음으로 미하엘이라 함)은 이렇게 말한다.

"내 인생을 선택한 것은 나 스스로이다. 내가 가장 믿고 따르는 사람도 나 스스로이다."

미하엘은 러시아 출신 유대인으로 홀로코스트를 겪은 할아버지 세대와 러시아 정부로부터 핍박받던 부모님 세대를 두 눈으로 보았다. 중학교 3학년 때 이스라엘로 넘어간 미하엘이 믿을 것이라곤 본인 스스로밖에 없었다.

실제로 상당수 유대인은 신을 믿지 않는다. 홀로코스트 생존 작가로 노벨평화상을 수상한 엘리 위젤은 《나이트   》를 통해 이렇게 말했다.

"나는 한 시간 한 시간을 쪼개어 살았다. 유대인 율법사 랍비까지도 저주했다. 신은 더 이상 우리와 함께 하지 않는다고 말하는 것을 들었다."

과거 많은 유대인들은 핍박과 탄압을 받으며 신에게 절실하게 기도 했지만 자신들에게 처한 불행 앞에서 속수무책이었다. 끝없는 고통 끝에 좌절과 상실감을 경험했던 유대인들 중 몇몇은 신보다는 스스로를 믿는 쪽을 택했다.

이렇게 모든 유대인이 하나님을 믿는 것은 아니며, 선민의식이 자신감의 원천이 아니라면, 유대인들이 가진 자신감은 어디에서 비롯되는 것일까? 그리고 각기 다른 생김새, 배경, 문화의 이질감 속에서 그들을 하나로 묶어 주는 힘은 무엇일까?

#03 변하지 않는
절대가치

산타할아버지와 루돌프, 형형색색의 크리스마스 장식은 아이, 어른할 것 없이 모두에게 동심을 선물한다. 하지만 스티븐의 집에는 크리스마스 장식이 없다. 유대인인 스티븐네 가족은 크리스마스 대신유대인 명절인 하누카 Hanukkah (서기전 2세기, 예루살렘 성전 탈환 기념일)를기념하기 때문이다. 어린 아이들에게 산타를 믿지 말라 가르치며, 크리스마스 장식 대신 9개의 하누카 촛불을 켜는 유대인!

한 매체와의 인터뷰에서 "어린 시절 크리스마스를 기념하지 못한 것이 한이 되었다"고 밝힌 이 소년은 〈쥬라기공원〉, 〈E.T〉로 유명한 할리우드 영화감독 스티븐 스필버그이다.

한 가정의 가장이 되고 나서 스티븐은 크리스마스와 하누카를 동시에 기념한다. 아이들에게서 크리스마스의 동심을 빼앗고 싶지 않기 때문이다.

내 주변 유대인 친구들을 보면 크리스마스 대신 그들의 명절인 하누카를 기념한다. 그 중에는 크리스마스 트리와 하누카 장식인 9개의 촛불을 함께 장식하는 유대인 친구들도 있다. 반대로 크리스마스 장식은커녕, 아이들에게 크리스마스와 관련된 영화도 보지 못하게 하는 엄격한 친구들도 있다.

유대인들은 세대를 거치며 그 생활문화가 변화되었다. 하지만 각양각색의 가정문화 속에서 그들이 유대인으로서 무엇을 가장 중요하게 여기며 생활하고, 아이들에게 교육하는지는 변함이 없다. 그것은 바로 유대인임을 잊지 않고 사는 확고한 정체성이다. 크리스마스 장식을 하고, 안 하고가 중요한 것이 아니라 '유대인임을 잊지 말라' 가르치는 정체성 교육이야말로, 변하지 않는 절대가치를 가르치는 그들만의 교육법이다.

'정체성'의 사전적 정의를 보면 '변하지 않는 존재의 본질을 깨닫는 성질', 영어로는 '남이나 다른 그룹과 구분 짓는 나만이 가진 특징'을 의미한다. 결국 정체성은 변하지 않는 본질, 그리고 나를 남과 차별화할 수 있는 차이점이다. 정체성이 확고한 사람은 자기 가치관과 신념이 확실한 사람이다. 반대로 정체성이 확고하지 않은 사람은 가치관과 신념이 다른 이의 조언에 쉽게 흔들리곤 한다.

나는 유대인 친구들을 통해 명확한 정체성은 타고난 기질도 아니며 자연스럽게 생기는 것도 아니라는 것을 배웠다. 특히 어린 아이에게 정체성은 부모와 가족의 도움으로 형성되고 뿌리내린다. 내 자녀의 정체성을 확고히 하도록 도와주는 것, 그리고 그 뿌리를 튼튼히 해 이리저리 흔들리지 않고 자랑스러움과 자신감으로 무장할 수 있도록 도와주는 것, 그것이 바로 유대인의 힘이다.

이어지는 전통과 문화

준우의 유대인 친구 리아드가 내게 다가와 이렇게 말했다.

"왜 로쉬 하샤나 Rosh Hashanah (유대인의 새해 첫날)에 꿀이나 사과 같은 달콤한 음식을 먹는 줄 알아요?"

나는 고심하는 듯한 표정을 지으며 답했다.

"새해 달콤하게 출발하자는 의미라서 그럴까?"

"아니요, 바로 이스라엘이 그렇게 달콤한 나라이기 때문이에요."

'로쉬 하샤나'란 유대인의 절기로 치면 새해를 말한다. 이날 유대인들은 온갖 달콤한 음식을 먹는다. 미국에서 태어나고 자란 리아드는 이스라엘을 '판타지 영화의 초콜릿 공장' 즈음으로 생각한다. 내가 만난 대부분의 유대인 친구들은 그들의 조국, 이스라엘을 사랑한다. 그 이유는 비단 지중해성 기후, 풍부한 음식, 자유분방한 도시의 분위기 때문만이 아니다. 유대인으로서의 자랑스러움, 국가 자체에 대한 사명감 때문이다. 그리고 그 자랑스러움과 사명감은 세계 어디에 있든 상관없이 유대인으로서의 전통과 문화를 이어나가며 굳건히 한다.

대부분의 유대인 가정은 세계 어디에 살고 있든 유대인 명절과 같은 행사를 기념한다. 태어나서 8일 안에 치르는 브리스를 시작으로 바 미쯔바 (성년식), 매주 금요일 저녁의 샤바트 (안식일), 로쉬 하샤나 (유대인의 새해), 욤 키푸르 (속죄의 날), 수캇 (욤 키푸르 후 감사의 날), 페스오버 (이스라엘 민족이 이집트에서 탈출함을 기념하는 날), 하누카 (서기전 2세기, 예루살렘 성전 탈환 기념일) 등이 큰 유대인 행사이다.

미국에 있더라도 매주 금요일 행사를 통해 유대인 역사와 전통을 배운다. 랍비는 안식일 행사에서 《탈무드》나 《토라》에 나온 이야기를 아이의 나이에 맞게 각색해서 들려준다. 안식일에 부르는 칸토르 (노래하는 자)의 노래도 유대인 역사와 문화에 관한 것으로 아이들은 어려서부터 자연스럽게 본인이 유대인이라는 확고한 정체성을 역사와 전통을 통해 알아가게 된다.

대다수 유대인은 아이들을 선데이스쿨Sunday School(일요일에 유대종교, 언어, 문화를 가르치는 학교)에 보내 히브리어뿐 아니라 역사와 전통을 배우게 한다. 또한 유대인 친구들 가운데 상당수는 미국의 기나긴 여름방학 동안 아이들을 이스라엘의 '유대인 캠프'에 보낸다. 실제 세계 각지에 흩어져 있는 많은 유대인 아이들이 여름방학 동안 이스라엘로 오기에 이곳에는 다양한 캠프 프로그램들이 활성화되어 있다. 세계 각지에서 모인 또래들은 서로 동질감을 느끼고 다양한 경험을 통해 정체성을 확고히 다진다. 아이들은 이를 통해 유대인임을 자랑스러워하고 민족에 대한 애착심을 키워나간다.

이스라엘과 아랍 국가들 사이에 전쟁이 일어났을 때 미국의 주요 국제공항은 이스라엘행 비행기를 타려는 유대인 젊은이들로 가득했다. 미국 시민권자이지만 유대인이라는 민족의 자긍심이 이 젊은이들을 이스라엘로 이끈 것이다.

유대인 친구 시갈릿과 야론의 첫째 딸 에덴도 미국에서 고등학교를 졸업하자마자 아이비리그 대학교를 포기하고 이스라엘로 군 복무를 위해 떠났다. 다섯 살 때부터 100조각 퍼즐을 맞추고 수학천재라 불리며 학교에서 1, 2등을 놓치지 않았던 딸 에덴이 이런 결정을 했을 때 지지할 수 있는 부모가 세상에 몇이나 될까?

하지만 시갈릿과 야론은 딸의 이 모험과도 같은 결정을 존중했다. 그것은 바로 올바른 역사인식과 민족 자긍심을 교육하는 유대인 부모이기 때문이다.

또 다른 유대인 친구 미하엘은 군대 이야기가 인생 최고의 성공담인 듯 말한다. 이스라엘의 한 여가수는 군대에 가지 않아 가수 활동을 전면 중단했다고 한다. 이스라엘에서는 인간답게 살기 위해서 군대는 필수라는 말이 있다. 이는 남녀노소 누구에게나 해당하는 말이다. 그리고 유대인 가운데 대다수는 군대 복무 경험을 그 어떤 것보다 자랑스럽게 생각한다.

유대민족은 지금 이 순간에도 자신들의 역사를 끊임없이 수집하고 연구한다. 그리고 시대상에 따라 유연하게 재해석한다. 특히 잘못된 역사를 바로잡는 것이 가장 중요하다고 믿는다. 유대인 대부분은 잘못된 역사를 그대로 두면 반드시 되풀이될 것으로 생각하기 때문이다.

이스라엘 정부는 과거 친나치 행위를 한 자들을 철저히 심판하고 사죄받아 역사를 바로세웠다. 잘못된 역사를 바로잡는 것을 후손에게 당당히 보여 주며 아이들이 옳고 그름을 배우게 한다. 그리고 '나쁜 짓을 하면 무서운 법의 심판을 받을 수 있다'는 것을 직접 눈으로 보고 성장한 유대인들은 조상과 부모들이 남긴 역사청산의 선례를 보며 자부심을 얻고 민족과 국가에 대한 자긍심을 키워나가는 것이다.

유대인 부모는 아우슈비츠에서 죽어가는 동포의 비참한 모습도 아이들에게 시청하도록 한다. 나치독일 치하에서 학살당한 약 600만 명은 모든 유대인의 부모, 조부모, 친인척, 친구, 이웃 중 하나라 해도 과언이 아니다. 아이들에게 유대인 박해 역사를 정확히 가르치며 역사를 제대로 직시하도록 하는 동시에 비참한 역사를 되풀이해서는 안 된다는 교훈을 심어 준다. "과거는 용서하되 절대 잊지 말라!"라고 가르치는 것이다.

역사를 제대로 이해하고 느끼는 민족애, 전통을 자연스럽게 이어나가는 자긍심, 조상에 대한 사랑의 정, 유대인임을 자랑스럽게 여기는 그들의 모습에서 어린 시절 현충일, 개천절, 제헌절이 헷갈리던 나는 큰 가르침을 받았다. 또 동북아역사재단에서 일하며 한국과 동북아 국가 간에 존재하는 역사 분쟁을 어떻게 바라볼 것인지 많은 논쟁과 고민이 있었다. '용서하되 절대 잊지 마라!'라는 유대인 친구들의 가르침이 가슴 깊은 울림을 준다.

#04 유대인처럼,
한국인처럼

"아빠, 나는 한국인인가요? 미국인인가요? 나는 한국인도 아니고 미국인도 아닌가요?" 미국 초등학교 4학년에 다니던 제이콥이 아빠에게 던진 질문이다. 제이콥의 아빠는 밴더빌트대학교 박사과정에 있었다.

또 다른 폴란드 출신 유학생 친구는 유치원을 다니기 시작한 네 살 에이미를 데리고 심리치료사를 찾았다. 벙어리가 되어 버린 듯 유치원에서 입도 뻥긋하지 않는 에이미에게 심리치료사가 내린 진단은 '정체성 혼란'이었다.

유학 생활을 시작하며 주변 선배들로부터 아이들이 정체성에 혼란을 겪는다는 얘기를 종종 들었다. 이는 비단 한국 유학생뿐 아니라 프랑스, 이탈리아, 터키 등 세계 각지에서 온 자녀가 있는 유학생 모두에게 해당하는 이야기이다.

캘리포니아로 이사 온 후 우연히 한국 식당을 찾았을 때의 일이다. 한국 아주머니가 미국 남편과 소박하게 운영하는 식당이었다. 주인아주머니는 우리 가족을 반기며 정다운 말벗이 되어 주었다. 대화 중 "나는 내 딸에게 한국말을 안 가르쳐! 왜 괜히 애한테 혼란을 줘?"라며 미국에 왔으니 외국인들과 잘 어울려 지내도록 하라고 조언을 아끼지 않았다. 정작 주변 친구들 대부분이 외국인이고 한국 친구가 별로 없어 고민인 나였지만 아무 말도 할 수 없었다. 단지 나는 좀 다른 결정을 내렸고 다른 양육 계획을 세웠을 뿐이었다.

나는 미국에 도착하고 얼마 지나지 않아 준우를 유대인 유치원에 보내기로 결심했다. 유대인은 디아스포라(diaspora)(다른 나라에 살며 일하기 위한 유대인의 이동, 고국을 떠나는 사람과 집단)를 이루며 세계 곳곳에 흩어져 살아왔다. 그 방랑의 역사 가운데 '정체성에 대한 명확한 해답을 찾고 그것을 지켜나가는 비결이 있지 않을까?'라는 기대가 있었기 때문이다. 그리고 나의 기대는 어긋나지 않았다.

유대인 친구 오일리는 초등학교와 고등학교에 다니는 세 아들이 있다. 미국 공립학교에 다니는 아이들을 위해 매년 유대인 큰 명절 때마다 선생님께 특별한 부탁을 한다. 잠깐 시간을 내 아이들에게 유대인 문화를 소개하는 것이다. 오일리의 영어는 완벽하지 않지만 유대인 역사와 문화에 대해 간단히 가르치고 유대인 전통 간식과 장난감을 같은 반 친구들에게 나눠 준다.

오일리의 막내아들 유발은 준우와 같은 학교 친구이다. 스스로가 유대인임을 당당하고 자랑스럽게 교육하는 엄마를 통해 유발 역시 유대인에 대한 자긍심을 가질 것이다. 같은 반 친구들도 유발이 유대인이며 유대인이 무엇인지 자연스럽게 받아들인다. 유대인 친구들은 "스스로 나의 정체성을 부끄럽게 여긴다면 제아무리 돈이 많거나 잘난 사람이라도 무슨 소용이 있겠는가?"라고 말한다.

준우가 정규 교육과정을 시작하며 나는 학교에서 선생님을 보조해 아이들을 가르치는 봉사를 시작했다. 이때 준우와 같은 반 아이들에게 한국어로 숫자 세는 법을 가르쳤다. 처음에는 서투르지만 "하나, 둘, 셋… 하나, 둘, 셋… " 곧잘 따라하던 25명의 아이들은 지금 1부터 10까지를 말할 수 있다. 엄마 오일리가 유발에게 자긍심을 주고 싶었던 것처럼 나의 이런 노력 역시 준우가 한국인으로서의 당당한 정체성을 가지는 데 도움이 되길 바랐다.

부모의 가치관이 확실히 서 있지 않다면 아이에게 가치관을 제대로 심어 주지 못한다. 유대민족의 정체성은 나라 없이도 2천여 년 동안 민족 고유성을 지켜올 만큼 확고한 것이다. 그 확고한 정체성은 가치관의 뿌리가 되고 굳건한 가치관은 자신감의 원천이 된다. 자신감과 자기 긍지가 뚜렷한 사람은 큰 파도에도 굳건하게 살아남는다. 이러한 자신감은 잘난 척하는 것과는 다르다. 내가 나의 뿌리를 부정하고 내 정체성이 확고하지 못하다면 운이 좋아 순간 성공할 수 있더라도 결국 눈앞에 사라질 순간일 것이다.

뿌리가 없는 나무에 아무리 예쁜 꽃이 핀들 무슨 소용이 있겠는가? 처음에는 정체성이라는 것이 복잡한 단어 같았으나 그 무엇보다 단순하고 명쾌한 단어라는 것을 유대인 친구들을 통해 배울 수 있었다. 유대인에게 있어 정체성의 그 깊은 뿌리는 어떠한 바람에도 흔들림이 없다.

#05 정직과
       당당함의
       가치

250여 년의 긴 세월 동안 7대째 부호로 군림하는 '로스차일드 가문'
은 유대인이다. 특히 메이어 암쉘 로스차일드 경은 18세기 역사상
가장 유명한 로스차일드 금융제국을 건설했다. 그의 첫 사회생활은
초트코프(현 우크라이나) 지역 사회의 리더이자 랍비 즈비 허쉬
의 조수로 일하면서이다. 하지만 결혼과 동시에 랍비 즈비 허쉬를
떠나 자신의 상섬을 오픈했다. 비록 작은 사업이었지만 꽤 번창했다.

  패스오버(이스라엘 민족이 이집트에서 탈출함을 기념하는 날) 전날

랍비 허쉬의 가족은 하메츠Hametz(발효된 음식으로 유월절 금기식품)를 찾느라 분주했다.

랍비 허쉬는 금화 500듀캣(중세부터 20세기까지 유럽에서 통용되던 화폐)을 부지런히 저축해왔다. 당시에는 매우 큰 액수였다. 곧 시집 갈 딸의 지참금으로 부지런히 아끼며 모아두었던 금화이다. 그리고 랍비 허쉬는 이 많은 돈을 자신의 집 비밀 장소에 숨겨서 간직해왔다. 평상시 비밀의 방을 열어서 확인하지는 않지만 매년 단 한 번 유월절 세이더Passover Seder(유월절 저녁식사) 전에 열어서 확인하곤 했다. 하지만 놀랍게도 이번에는 비밀상자 안에 숨겨두었던 돈이 사라져버렸다.

마침 로스차일드가 랍비를 떠나 독립한 해이기도 했고 동시에 로스차일드의 사업이 번창하기 시작했던 때라 모든 의심은 로스차일드에게 집중되었다. 가족들은 로스차일드를 의심하면서 랍비를 다그치기 시작했다. 처음에는 가족의 의견을 무시했으나 계속되는 원성에 랍비 자신이 직접 로스차일드를 만나기로 결심했다.

무거운 마음으로 로스차일드를 찾아간 랍비 허쉬는 자신의 가족들이 로스차일드를 의심하고 있다고 솔직히 얘기했다. 놀랍게도 랍비 허쉬의 이야기를 듣자마자 로스차일드는 모든 책임이 자신에게 있음을 고백했다. 동시에 전 재산 200듀캣을 내놓으며 나머지는 최대한 빨리 갚겠다고 말하며 랍비를 안심시켜 돌려보냈다.

이후 로스차일드가 독립해 랍비 허쉬를 떠난 그해 유월절을 며칠 앞두고의 일이다. 랍비는 집을 청소하는 사람을 한 명 고용했다. 유월절 전 모든 가족이 할 일이 많았기 때문에 특별하게 사람을 구한 것이다. 집을 청소하던 여자는 랍비 방에 있던 그 비밀스러운 상자를 발견하고 운 좋게 열쇠를 찾게 된다. 결국 그녀는 상자 안에 들어 있던 금화를 보고 유혹을 뿌리치지 못한다. 돈만 꺼낸 후 집으로 가서 남편에게 보여 주었고 얼마 동안 그 부부는 그 돈을 사용하지 않고 잠잠한 때를 기다렸다. 하지만 부부는 곧 돈을 사용하기 시작했고, 부부의 친구들은 갑자기 사치스러운 삶을 살기 시작한 이 부부를 의심의 눈초리로 바라보기 시작했다.

그러던 어느 날, 남편은 작은 선술집에서 취기에 올라 자신의 친구들에게 자신의 아내가 저지른 일과 심지어 그 돈을 어디에 숨겼는지 모두 발설해 버렸다. 남편 친구들은 바로 경찰서로 달려가 이 사실을 알렸다. 경찰은 조사 후 랍비 허쉬에게 전후 사정을 설명해 주었다. 랍비는 복잡한 마음으로 집으로 돌아왔다.

로스차일드가 정직한 사람이었다는 것을 알게 된 기쁨과 동시에 자신이 로스차일드를 믿지 못했다는 사실에 괴로워했다. 랍비 허쉬는 즉시 로스차일드를 찾아갔다. 그리고 왜 누명을 쓰고도 한마디 변명조차 하지 않았는지 물었다. 로스차일드는 대답했다.

"저는 랍비께서 얼마나 상심이 크셨는지 느낄 수 있었습니다. 그리고 만약 저를 만난 후 빈손으로 집에 돌아가시면 가족분들 모두 더 큰 고통을 느끼게 될 거란 것도 알고 있었습니다. 그래서 저는 제가 그 돈을 훔쳤다고 말씀드렸고, 제가 가진 전 재산을 드린 것이었죠. 제 스스로가 정직했기 때문에 곧 진실이 밝혀질 거라 믿었습니다."

로스차일드의 대답에 감명받은 랍비 허쉬는 즉시 용서를 구하고 받았던 돈을 돌려주었다. 동시에 로스차일드 가문의 오랜 번영을 위해 진심으로 축복해 주었다.

우연일지 모르겠지만 그 축복은 얼마 지나지 않아 실현되었다. 메이어 암쉘 로스차일드와 그의 다섯 아들은 역사상 가장 유명한 부의 왕조를 건설하게 된다.

친구나 주변 사람들로부터 무모한 비난을 받는다면 누구나 견디기 힘들 텐데 로스차일드는 다른 사람들의 혹독한 비난과 자신의 자존감에 난 상처를 견뎌냈다. 정직했기에 당당하게 기다릴 수 있었던 로스차일드는 결국 진실이 밝혀지면서 자신의 가치를 더욱 빛낼 수 있었다. 이러한 당당한 인내는 그 사람의 가치를 드높인다.

#06 정직하기 위한 용기

미국 사회에서 리더그룹에 속하기 위해서 가장 중요한 것은 많은 돈도, 명석한 두뇌도 아니다. 바로 뛰어난 사회성Social Skill이다. 실제로 미국의 많은 부모는 어릴 때부터 아이의 사회성을 기르기 위해 노력한다.

유대인은 이런 점을 잘 이해하고 있는 것 같다. 재치 있는 유머와 당당함으로 무장한 그들은 유독 사회성이 좋다. 특히 유대인들의 당당함은 인간관계에 있어 큰 무기가 된다. 나는 '유대인의 당당함은 무엇에서 나오는 것일까?' 무척 궁금했다. 그리고 유대인 친구들을 통해 유대인의 당당함은 생각보다 단순한 것에서 시작된다는 것을 깨달을 수 있었다. 그들의 당당함은 바로 '거짓말 하거나 꾸미지 않는 솔직함, 바로 정직'이라고 할 수 있다. 유대인의 '정직'은 집에서 부모로부터 배우며 삶으로 이어져 온 자연스러운 문화이다.

준우가 7세, 미국 공교육의 첫 단계인 유치원에 막 들어갔을 때의 일이다. 유치원에서 돌아온 준우는 그 어느 때보다 불안한 모습이었다. '무슨 일이 있었던 것일까?' 걱정되었지만 저녁식사 자리에 손님을 초대한 날이라서 준우와 대화할 여유가 없었다.

저녁식사를 마치고 잠자리에 들기 전, 준우는 나를 끌고 화장실로 들어가 문을 닫으며 엄마에게만 꼭 해야 할 비밀 이야기가 있다고 했다. 준우는 용기 내 오늘 학교에서 있었던 일을 털어놓았다.

유치원 담임선생님이 교실 앞쪽에 쌓여 있는 책은 잃어버리면 안 되니 조심하라고 아이들에게 일러두었단다. 그런데 준우가 그중 한 책에 본인이 좋아하는 기차 그림이 있어 꺼내 보았다고 한다. 준우는 곧 제자리에 가져다 두었지만 그 후로 여러 명의 친구들이 그 책을 가지고 놀다가 결국 그 책이 없어졌다고 한다. 그 책을 만진 사람이 없는지 물어보는 선생님의 질문에 준우는 용기 낼 수가 없었다고 한다.

이야기를 듣는 순간 나도 모르게 안심이 되었다. 일곱 살 준우에게 이 순간이 어쩌면 스스로 겪는 '최초의 정직과의 싸움'이며 '성격과 습관이 형성되는 중요한 순간'일 수 있겠다는 생각이 들었다.

심리학자 윌리엄 제임스는 "행동이 쌓이면 습관이 되고, 습관이 쌓이면 성격이 되고, 성격이 지속되면 그것이 곧 운명이 된다"라고 했다. 나는 준우에게 오늘 있었던 일을 선생님에게 내일 솔직하게 이야기하고 용서를 구하자고 조언했다.

하지만 선생님께 혼날까 봐 무서웠던 준우는 펄펄 뛰며 울기 시작했다. 엄마가 대신 선생님께 이야기해 달라는 것이다. 나는 밤새 준우를 설득하고 또 설득했다.

그리고 다음 날 아침, 조금 일찍 도착한 학교 교실에 선생님 혼자 수업을 준비하고 있었다. 준우가 선생님께 할 말이 있다는 이야기를 전한 나는 준우 스스로 선생님께 모든 이야기를 털어놓고 용서를 구할 수 있도록 충분한 시간을 기다려 주었다. 처음에 주저하던 준우는 천천히 어제 있었던 일을 설명하기 시작했다. 그리고 이야기를 하면 할수록 모기처럼 기어들어가던 준우의 목소리도 점점 더 또렷하게 커지기 시작했다.

선생님은 준우가 걱정하는 책은 이미 찾았다고 말했다. 그리고 정직하게 용기 내준 준우가 너무 기특하다며 그 어느 때보다 칭찬을 아끼지 않았다. 몇 분 흐르지 않았지만 준우의 표정은 한결 후련해 보였다. 그날 준우는 그 어느 때보다 즐거운 학교생활을 마쳤다.

살다보면 정직하기 위해 큰 용기가 필요할 때가 있다. 하지만 용기 내어 얻은 정직은 당당함이라는 큰 선물을 준다.

07

정직의 중요성을
어릴 때부터 가르치는
유대인

다음은 유대인의 정직한 삶을 다룬 유명한 일화이다.

어느 랍비가 나무꾼으로 힘들게 생계를 유지하고 있었다. 그는 나무를 나르며 오가는 시간을 될 수 있는 대로 줄여 《탈무드》 공부에 열중하겠다고 생각했다. 그래서 시내 아랍상인으로부터 당나귀를 샀다. 제자들은 랍비가 산 당나귀를 냇가에서 씻기 시작했다. 그러자 당나귀의 목에서 다이아몬드가 나왔다. 제자들은 이것으로 랍비는 가난한 나무꾼 신세를 면하고 공부나 자기들을 가르칠 시간이 더 많아지게 되었다고 기뻐했다. 그런데 랍비는 곧 시내로 돌아가 아랍상인에게 다이아몬드를 되돌려 주라고 제자에게 명했다. 그러자 제자가 말했다. "하지만 선생님이 산 당나귀에서 나온 것이 아닙니까?"

랍비는 대답했다.

"나는 당나귀를 산 일은 있지만 다이아몬드를 산 일은 없습니다. 내가 산 것만을 갖는 게 옳지 않겠습니까?" 그래서 그는 아랍상인에게 다이아몬드를 되돌려 주었다. 아랍상인은 반대로 "당신이 이 당나귀를 샀고, 다이아몬드는 그 당나귀에게 딸려 있었던 것인데, 어째서 되돌려 주는 것입니까?"라고 말했다. 그러자 랍비는 "유대의 전통에 따르면 산 물건 이외에는 우리가 가져서는 안 됩니다. 그러니 이것을 당신에게 돌려 드립니다"라고 답했다.

― 세상에서 가장 현명한 유대인의 100가지 지혜 중
〈당나귀와 다이아몬드〉 편

내 유대인 친구들은 언제 어디서든 당당하다. 그리고 그 당당함은 사회성의 최고 무기가 되어 좋은 인맥을 갖도록 도와주고, 그 사회성과 인맥은 좋은 직업과 성공으로 삶을 이끌기도 한다. 유대인 친구들의 당당한 삶의 자세는 행복하고 긍정의 에너지로 주변을 가득 채운다. 무엇보다 그 당당함은 '정직함'에서 온다는 것을, 그렇기에 더 값지다는 것을 유대인 친구들을 통해 확신할 수 있었다. 사람은 아주 작은 거짓말이라도 숨기거나 속이는 것이 있으면 당당할 수 없다. 불안함은 스트레스가 되고, 표정과 말투에서도 숨길 수 없어 사회성을 떨어뜨리고 만다.

지인 중 한 명은 아들 회사에서 주는 법인카드 한도가 늘었다며 그 덕에 아들의 생활이 여유롭다고 기뻐한다. 사실 우리 사회에서는 정직한 사람이 손해 보는 경우가 많다. 눈치 빠르게 적당히 둘러대는 사람은 위기를 모면하고 생각지 못한 행운을 거머쥐기도 한다.

나 역시 정직으로부터 얻는 보상은 없다고 생각했던 적이 있었다. 살짝 둘러댈 수 있으면 둘러대서라도 선의의 거짓말이라는 핑계를 대면서 잘 포장하고 적당히 속여서 내 이익을 꾀해야 한다고 여겼다. 나 혼자 정직하고 솔직하게 진실을 밝힌다고 해도 아무도 나를 알아주지 않는 사회에 살고 있다고 원망하면서 말이다.

하지만 나는 유대인 친구들을 통해 그것이 잘못된 생각이라는 것을 깨달았다. 유대인 부모는 자식의 정직하지 못하고 당당하지 못한 행동을 절대 용납하지 않는다.

어린 시절 아이들은 두려움을 이겨내고 용기를 내는 법과 스스로 책임지고 의연하게 받아들일 수 있는 법을 배우는 것이 매우 중요하다. 그러면서 아이는 인생을 배우게 되고 인생의 또 다른 계단을 올라가는 큰 힘을 일깨울 수 있다. 진실을 말하고 되짚는 용기는 당당하고 여유롭게 내 인생을 살아갈 수 있는 힘이 된다.

PART 3

대화와 논쟁을
즐기는
언변술사

CNN의 간판 토크쇼 진행자로 '토크쇼의 제왕'이라 불리는 래리 킹은 유대인이다. '진실한 태도로 상대방의 마음을 여는 것'이 래리 킹이 말하는 대화의 기술이다. 그는 말 잘하는 사람이 되는 핵심을 'KISS Keep It Simple, Stupid(단순하게 그리고 누구나 알아들을 수 있도록)'라 표현했다. 무엇보다 래리 킹이 강조하는 언변의 기술은 '훌륭한 청자(듣는 사람)'가 되는 것이다. 상대방의 이야기를 잘 경청하는 것이 중요하다는 것이다.

유대인 부모들은 매일 저녁 온 가족을 '100분 토론회장'으로 초대한다. 그들의 재치 있는 입담은 온 가족을 논쟁의 세계로 푹 빠뜨린다. 연봉 얼마를 주어도 아깝지 않은 최고의 토크쇼 진행자이다. '빈 수레라도 요란한 것이 낫다'고 가르치는 유대인 부모! 모두가 그냥 지나치는 것에 '왜? 만약에?'라고 질문하는 유대인은 세상 모든 곳에서 기회를 찾아낸다. 유대인 부모는 아이들에게 끊임없이 질문하게 하고, 그 질문은 사고하게 한다. 그리고 사고한 것을 현명하게 표현하는 힘을 가르친다. 이렇게 성장한 유대인은 눈과 귀를 활짝 연 최고의 언변가이다.

#01 말이 없는 아이는
배울 수
없다

준우는 유독 말수가 적고 조용한 아이였다. 한국에서 미국으로 이사 왔던 터라 낯선 환경의 영향도 있었을 것이다. 유치원 선생님은 그런 준우에게 더 표현하고 말하게 하려고 부단히 애썼다. 나에게도 준우가 자발적으로 생각한 것을 말하는 아이가 될 수 있게 옆에서 많이 도와줘야 한다고 강조했다. 어느 날 아이를 데리러 간 나에게 선생님이 말했다.

"오늘 준우가 유독 말이 없었어요. 집에서 대화를 통해 더 많이 말하라고 얘기해 주세요."

'할 말도 없는데 의미 없이 떠드는 게 그렇게 중요할까?'

집안일도 힘들고 아이 유치원 보내는 것도 신경이 많이 쓰이던 중에 대화까지 더 많이 해야 된다고 하니 그만 퉁명스런 답을 해버렸다.

"한국 속담에 '빈 수레가 요란하다!'라는 말이 있어요. 준우가 자신감이 생기면 더 표현하겠죠!"

내 대답을 들은 선생님은 곧바로 내 양손을 잡으며 이렇게 이야기했다.

"비어 있는 수레가 조용히 있으면 수레가 거기에 있는지 아무도 몰라요. 존재감 없이 버려진 수레가 되고 말지요. 하지만 비어 있는 수레라도 소리를 내면 적어도 수레의 존재감은 확인시켜 주게 되지요. 그 소리를 시작으로 수레는 무엇이 필요한지, 무엇을 할 수 있는지 관심 받게 되고요. 그렇게 관심 받은 수레는 물건을 실을 수도 있고 필요한 사람에게 유용하게 쓰일 수도 있어요."

유대인 속담에 '말이 없는 아이는 배울 수 없다'라는 말이 있다. 내 주변의 유대인 엄마들만 봐도 언어감각이 탁월하다. 이는 대화, 질문, 논쟁을 통한 교육은 물론이고 처벌까지 언어로 행해지는 유대인 교육문화와 밀접한 연관이 있음을 알 수 있다.

유대인 엄마 캐롤리나는 "사람의 입은 칼과 총보다 더 큰 힘을 발휘한다"라고 말한다. 말을 아끼는 동양문화를 이해하지 못하겠다며 인간의 가장 강력한 무기인 입을 활용해 생각을 자유롭게 표현해야 한다고 강조한다. 캐롤리나는 "유대인은 유명한 정치인들의 TV 토론회를 보며 나도 정치인이 될 수 있다고 믿는다. 또 그 어떤 인기 있는 언변가보다 자신의 언변이 더 뛰어나다고 확신한다"고 덧붙였다.

유대인은 아이가 어려서 글자는 몰라도 자기주장을 뚜렷하게 말할 수 있는 아이로 성장시킨다. 준우를 유대인 유치원에 보내기 위해서 견학 갔을 때 학교 전체가 너무 시끄러워서 놀랐다. 그런데 주목할 점은, 단순히 시끄러운 것이 중요한 게 아니라 끊임없이 말하고 표현함으로써 그 속에서 논리가 자라고 있다는 것이다. 말로 표현하지 않는 과묵한 아이는 논리가 성장하기 어렵다고 믿는다.

준우가 다니는 유도 학원 선생님 골츠 또한 유대인이다. 그가 남다른 것은 유도 하는 법만 가르치는 것이 아니라 수업 중간 중간 아이들과 일상적인 이야기를 나누고 대화를 한다. 골츠는 어느 날 수업을 마치며 아이들에게 이렇게 말했다.

"항상 네가 공격수라고 생각해라! 네가 방어를 선택하는 순간 너에게 이길 기회는 없어지는 것이다."

유대인은 인문학자, 법학자는 물론이고 과학자나 연예인, 스포츠 선수들도 정치가처럼 말을 잘하고 철학자처럼 삶의 철학을 가치 있게 여긴다.

유대인 교육의 처음과 끝은 '질문, 대화, 토론'이라고 해도 과언이 아니다. 그만큼 유대인 삶 속에는 주변 사람들과 이야기를 나누는 시간이 많다. 매주 금요일 안식일 행사에서도 랍비가 이야기를 들려준다. 그리고 아이들은 자기 생각을 표현하고 질문한다. 학교 교실에서 학생과 선생님 간에도 다양한 질문과 논쟁이 오간다. 식사시간, 간식시간, 휴식시간에도 대화와 토론이 끊이지 않는다. 이러한 문화를 통해 유대인 아이들은 '소란 속에 논리적 사고와 언변술'을 어릴 때부터 자연스럽게 배운다.

간혹 부모들은 아이들에게 "조용히 해!"라는 말을 하는데, 유대인에게 있어서 아이들에게 조용히 입을 닫고 있으라는 것은 '너는 아무것도 배우지 말라!'라는 잔인한 말과도 같다.

#02 질문할 수 있는 아이

어느 날 수업시간에 선생님이 진도에서 벗어난 과제를 내주셨다. 준우와 같은 반 친구 재인은 과제가 어려워 문제를 풀지 못해 부모님이 도와주었다고 한다. 하지만 유대인 마이크는 이렇게 말했다.

"과제를 받자마자 선생님께 다시 찾아갔지. 이 과제는 진도를 넘어 선 어려운 내용이라고 말씀드렸어. 부모님께 답을 물어도 되겠지만 그러면 스스로 하는 과제가 아니니 의미가 없다고 말씀드렸지. 그랬더니 선생님이 새로운 과제를 주시던걸?"

유대인으로 수학과 교수인 미하엘은 미국에서 수업할 때와 달리 이스라엘에서 수업할 때가 몇 배는 더 긴장된다고 말한다. 자유로운 분위기의 미국 학교와 이스라엘 학교 분위기가 뭐가 그리 다를까 싶지만, 실제로 큰 차이가 있다고 한다. 전반적으로 조용한 분위기의 미국 대학과 달리 이스라엘 대학의 학생들은 수많은 질문을 쏟아낸다는 것이다.

유대인 영재교육의 핵심은 '질문할 수 있는 능력 키우기'인 것 같다. 유대인들의 질문은 지식을 시험하거나 기존 질서에 안주하지 않는다. 생각의 범위를 확장하고 틀을 깨고 나갈 수 있는 질문을 끊임없이 찾아낸다. 인간이 모든 것을 다 알 수는 없다. 그것은 천재나 신이라 할지라도 예외가 아니다. 그러므로 유대인은 질문을 멈추지 않는다. 유대인 친구들을 보면 못 알아들었거나 애매한 것이 있을 때 그냥 지나치는 법이 없다. 질문을 통해 내 것으로 만드는 기회를 놓치지 않는다.

또 다른 수학자 교수인 제이미는 나에게 "무지보다 더 어리석은 것은 배움에 대한 오만한 태도와 근거 없는 확신"이라고 말한다.

'너는 똑똑하다. 똑똑하다. 똑똑하다. 하지만 그렇게 똑똑하지는 않다.' 이디시 속담이다. 가끔 우리는 내가 제일 잘났다고 착각하고 살지만 나보다 잘난 사람은 많고 그보다 잘난 사람은 더 많다는 것을 뒤늦게 깨닫는다. 따라서 유대인은 '섣불리 확신하기보다는 질문하라'고 가르친다.

사실 질문과 답변을 하다 보면, 질문하는 것보다 답하는 사람이 중요한 경우가 많다. 대부분의 아이는 선뜻 답이 생각나지 않는 뜻밖의 질문을 종종 하기 때문이다. 상상도 못했던 질문을 받은 어른들은 "그런 어이없는 질문을 하니?"라는 최악의 말을 아이에게 내뱉기도 한다. 무시당한 아이들의 상상력이나 호기심은 멈추고 자신감은 짓눌러진다. 특히 나이 어린 아이들은 추상적인 질문을 많이 한다. "엄마, 무지개는 어디에서 오나요? 왜 구름은 하늘에 있지요?" 같은 질문은 대답하기가 참 난해하다.

유대인 부모들은 답변하기 난처할 때 "너는 어떻게 생각하니?"라고 아이에게 되묻는다. 부모의 되묻는 질문은 아이의 질문을 더 깊이 있게 만들고 또 다른 정답으로 가는 나침판이 되기도 한다.

유대인 엄마들을 보며 깨달은 유대인식 좋은 질문은 바로 '왜? 와 만약에 ,'이다. 유대인 엄마 리모어는 이렇게 말한다.

"유대인은 세상에 일어나는 모든 일에 '이유'가 있다고 믿는다. 그래서《토라》,《탈무드》를 포함한 세상 모든 것에서 '왜 그랬을까?'라는 이유를 찾아내려 애쓴다."

여기에 그치지 않고 '만약에 이랬으면 어땠을까? 만약 나였다면 어떻게 했을까?' 생각해보는 것이 유대인 방식의 질문법이다.

"오늘은 무엇을 배웠니?"보다 "무슨 질문을 했니?"라고 묻는다는 유대인 부모. 없는 질문도 만들어서 질문하게 하는 것이 바로 유대인식 질문 교육이다.

지금 준우와 나에게는 세상 모든 것이 질문하고 대답하는 소재가 된다. 책, TV, 영화, 신문기사, 학교에서 있었던 일, 심지어 지나가는 사람이 한 이야기까지 '왜 이런 일이 일어났을까? 만약에 주인공이 다른 선택을 했으면 어떻게 되었을까?'라며 서로에게 질문하고 답한다.

#03 세상 모든 것에서
기회를 찾는
유대인

미국 유대인 엄마들 사이에서 엄친아로 불리는 조슈아 쿠슈너는 미국 대통령 트럼프의 사돈총각으로 제러드 쿠슈너의 남동생이자 미모의 모델 칼리 클로스의 남자친구로 유명하다. 그는 하버드대학교 기숙사에서 회사 보스투를 탄생시킨다. 직원 600여 명에 이르는 보스투는 현재 라틴아메리카에서 가장 큰 소셜게임 회사이다. 하버드 대학교 MBA를 거쳐, 현재 최고의 금융가로 활약 중인 그는 1985년 생으로 불과 30대 초반이다. '모든 것을 가진 남자'로 불리는 조슈아가 이 모든 것을 갖게 된 원천은 무엇일까?

조슈아는 한 매체와의 인터뷰에서 이렇게 말했다.

"주변 상황의 변화와 움직임을 잘 관찰하고 이해하기만 하면 기회는 모든 곳에 있다."

조슈아는 세상 모든 것을 관찰하고 이헤히는 것을 시작으로 기회를 얻었다. 심지어 기회는 우리 주변 여기저기 널려 있다고 이야기한다. 내 눈에 보이지 않는 것이 어떻게 그의 눈에는 잘도 보이는 것일까?

그것은 우리가 쉽게 지나치기 쉬운 일상에 '왜'라는 의문을 던지고, 이미 정해진 틀을 '만약에'라고 사고하는 것, 바로 유대인식 질문법이다. 조슈아가 유대인 가정에서 배운 '왜'와 '만약에'에서 출발한 창의적 질문은 세상 모든 것에서 기회를 만들어내는 안목과 힘을 그에게 선물해 준 것이다.

준우는 2학년 때 농구를 배우기 시작했다. 어느 날 농구게임이 있어서 응원차 참석한 나는, 준우가 공 한 번 잡아보지 못하고 우물쭈물 하는 모습에 엄마로서 만감이 교차했다. 준우에게 자신감을 심어 주고 싶었던 차에 나는 아침 등굣길에 이렇게 말했다.

"엄마가 한 심리학자의 연구결과를 읽었는데, 인간이 살아가면서 가장 중요하고 강력한 무기가 바로 '자신감'이라고 하더라. 그런데 그 자신감을 주는 사람은 본인 스스로래!" 안나 프로이드의 명언 "나는 항상 용기와 자신감을 찾기 위해 헤맸지만 그것은 언제나 내 안에 있었다"를 인용해 설명했다.

내가 며칠 동안 계속 자신감을 갖도록 이런저런 이야기를 하자 준우는 깜짝 놀랄 만한 말을 했다.

"엄마, 이 세상에 아무도 100퍼센트 정답을 말할 수는 없어요. 그 것이 아무리 연구결과라 해도, 심지어 신이라도 말이에요. 어떻게 엄 마는 그 연구자의 말을 절대적으로 믿는 거예요? 자신감은 내가 잘 하는 것이 있을 때 그것을 칭찬하는 선생님이나 나에게 격려로 다가 오는 친구를 통해 얻을 수도 있잖아요!"

《탈무드》내용 중 '가르침을 무턱대고 받아들이는 사람은 권력과 자기 자신을 부패하게 한다'라는 말이 있다. 이날 나는 준우로부터 큰 지혜를 얻었다. 사고의 범위를 틀에 가두지 않고 자유롭게 확장 해 나가는 것이 중요한 것이다. 주변의 흔한 것들을 그냥 지나치지 않고 '왜 그럴까?' 의구심을 가져보는 것이 사고력을 성장시킨다.

유대인들은 그들의 역사서이자 하나님이 주신 말씀인 《토라》조 차도 맹신하지 않는다. 끊임없이 재해석하고 토론과 논쟁을 이어나 간다. 그렇게 탄생한 《탈무드》는 '유대인 역사 속 지혜의 집합체'로 불린다. 하지만 이 또한 현재까지 끝없이 연구하고 재해석되고 있으며 앞으로도 그럴 것이다.

많은 사람은 '질문'이라 하면 남에게 물어보는 질문을 떠올린다. 하지만 세상에 질문은 다양한 방식이 있다.

'나는 이대로 잘하고 있는가? 지금 내가 하는 일이 나에게 맞는 것인가?'라고 스스로 하는 질문은 '나'를 꿈꾸게 하고 '나'를 성장시키며 성공의 밑거름이 된다.

'너는 어떻게 생각하니?' 남에게 하는 질문은 '나와 너'를 사고하게 한다. 그리고 창조적 상상력과 논리적 사고를 가능하게 하기도 한다. 또한 남과 소통하는 법을 익히게 한다. '어떻게 하면 좀 더 나은 세상을 만들 수 있을까?' 세상이 정해 놓은 틀, 권위에 도전하는 질문은 세상을 변화시키거나 발전시키는 씨앗이 된다.

#04 대화와 논쟁의 힘

유대인은 대화와 논쟁을 중요시한다. 세상에 일어나는 대부분의 문제는 사람 사이에서 발생하고, 사람 사이에 일어나는 모든 문제는 대화로 해결할 수 있다고 그들은 믿는다.

모세와 파라오의 일화는 유명하다. 대화의 중요성을 깨달은 모세는 당시 최고 권위자였던 이집트 파라오 앞에서 '대화의 힘'을 몸소 실천으로 보여 주었다. "내 민족에게 자유를 달라Let my people go..., 네가 거절한다면 나는 너의 땅에 메뚜기들이 넘쳐나게 할 것이다. 이 메뚜기들은 우박이 온 후 살아남은 자투리까지 집어삼킬 것이다. 그들은 남아 있는 모든 나무까지 먹어 치울 것이다."

이 일화와 관련하여 예시바대학교 학장 랍비 브로디는 이렇게 말했다.

"위대한 업적은 대단한 대화 없이는 성취할 수 없다."

모세의 위와 같은 대화는 우리에게 그 어떤 견고한 것도 녹이며 높은 권위도 넘어설 수 있다는 큰 가르침을 주었다.

유대인 철학자 A. J. 에이어와 세계 최고 권투선수 마이크 타이슨의 일화를 유대인 신문기사에서 접한 적이 있다. 미국 뉴욕에서 열린 한 파티에 참석한 에이어는 한 여성의 비명을 듣는다. 그리고 씩씩거리며 따라 나오는 사람은 다름 아닌 권투선수 세계 챔피언 마이크 타이슨이었다. 성추행 현장에서 아무도 함부로 끼어들지 못했지만 유대인 철학자 에이어는 서슴없이 타이슨에게 말을 걸었다. 기분이 상한 타이슨은 "당신, 내가 누군지 알고 까부는 거요"라고 위협을 가했다. 에이어는 긴장된 순간에도 타이슨을 대화의 장으로 초대한다.

"당신도 당신 분야의 최고 일인자이고 나도 내 분야의 최고 일인자이니 우리 최고 일인자끼리 허심탄회하게 대화 한 번 해봅시다!"

이렇게 권투선수 마이크 타이슨과 에이어의 대화는 '대화로 성추행을 막은 사건'으로 마무리된다. 세계 챔피언을 대화로 설득시킨

에이어의 나이는 77세였다. 논쟁을 두려워하지 않고 대화로 문제를 해결하는 유대인의 면모를 여실히 보여 주는 일화이다.

대상이 누구든 어떤 주제든 상관없다. 유대인의 대화와 논쟁의 기술은 그들이 성장해 온 배경과 살고 있는 삶에 의해 자연스럽게 습득된 것이다. 실제 내 주위의 유대인 부모들을 보면 끊임없이 대화하고 논쟁하는 집안 분위기를 만든다. 어릴 때부터 자기주장을 뚜렷하게 표현하고 존중받아 온 유대인 아이들은 논리적으로 말하는 어른으로 성장한다.

"엄마, 아빠! 샌더스라는 사람이 누구예요? 이 아저씨가 말을 너무 잘해서 많은 사람들이 놀라고 있어요!"

2016년 미국 민주당 대선후보 버니 샌더스와 힐러리 클린턴의 TV 토론회를 보던 준우가 한 말이다. 버니 샌더스는 토론회를 통해 진정한 언변가란 무엇인지 아낌없이 보여 주었다. 헨리 키신저를 최악의 외교관이라 말하고, 월스트리트를 향해 브레이크 없는 쓴소리를 쏟아내는 그의 모습을 보고 놀라움을 감출 수 없었다. 그 역시 유대인이다.

유대인은 미국 정치·법조계뿐만 아니라 언론에서도 막강한 영향력을 발휘한다. 〈뉴욕타임스〉, 〈워싱턴 포스트〉, 〈월스트리트저널〉, 〈뉴스위크〉 등 주요 신문사들은 유대인이 설립하고 소유하고 있다.

CBS, CNN, ABC 등 주요 방송사 역시 유대인이 설립했다.

　어린 시절부터 많은 독서를 하며 쌓아 온 지식은 왜 유대인이 유독 논쟁에 강한 면을 보이는지 증명해 준다. 유대인 학교나 시나고그Synagogue(유대교 회당)의 선데이스쿨은 '하브루타Havruta'를 활용한다. 두 명이 짝을 지어 《탈무드》나 《토라》를 펼쳐 놓고 함께 읽으며 토론하는 유대인식 학습법이다. 주어진 이야기를 있는 그대로 공부하는 것이 아니라, 질문하고 다르게 생각해보는 것이 하브루타 교육의 핵심이다. 질문을 통해 하나님의 말씀《토라》역시 다르게 해석하며, 학자들이 이미 연구한 연구결과물에 새로운 대안을 제시하기도 한다.

　이러한 하브루타 교육법은 유대인 회당, 유대인 학교뿐 아니라 미국 교육자 빌 스무스가 관심을 가지며 미국 공교육에 적용하기도 했다. 또한 브랜다이즈대학교 오리트 켄트 박사는 논문 〈하브루타 교육이론〉을 통해 교육학적 도구로서 하브루타를 연구했다. 《탈무드》에 '하브루타를 할 친구가 아니면 죽음을 달라O Havruta o mituta'라는 말이 있다. 유대인은 인생을 살아가는 데 친구, 연애 상대, 배우자, 자녀와 부모 등 짝이 필요하며, 그들의 역할이 매우 중요하다고 믿는다. 그리고 짝과의 논쟁을 통한 배움이 가장 효과적이라 확신한다. 아이들에게 이 하브루타의 짝은 부모이다. 따라서 논쟁을 시작하는 아이들에게 부모는 가장 중요한 본보기가 된다.

#05 경청하는 할아버지,
말하는 아이

준우의 유치원 친구 잭의 초대로 금요일마다 열리는 유대인 안식일에 저녁식사를 함께하게 됐다. 잭의 아빠가 아이들의 머리 위에 키스를 하며 안식일 행사가 시작되었다. 가족의 건강과 즐거운 학교생활을 위해 기도하는 아빠의 축복 기도가 이어졌다. 그리고 모두 유대인 전통 노래를 부르고 '키두쉬Kidush'라 불리는 포도주를 위한 기도를 시작했다. 모든 순서가 끝나고 할라Challah(유대인이 먹는 빵)를 시작으로 잭의 엄마가 준비한 코셔 음식Kosher(유대인 율법에 합당한 음식)을 먹으며 대화의 장이 펼쳐졌다.

당시 미국 대선을 앞두고 있어 대선 후보들에 대한 열띤 논쟁이 이어졌다. 잭의 할아버지와 할머니는 서로 다른 지지자를 응원했는데 잭의 부모가 논쟁에 참여하면서 분위기는 한창 과열되었다. 유대인은 기대하던 대로 누구 하나 할 것 없이 정치 분석가처럼 언변술이 뛰어났다. 식사시간에 벌어지는 격렬한 토론은 이미 '100분 토론'에 참석한 기분이 들었다.

유대인이 가지는 논리력과 부모자식 간에도 타협하지 않고 논쟁하는 그들의 문화에 놀라고 있을 때, 나를 깜짝 놀라게 하는 일이 발생했다. 다섯 살로 준우와 동갑내기인 잭이 과열된 분위기 속에 불쑥 끼어들어 이렇게 말하기 시작했다.

"할머니와 할아버지가 논쟁하는 것을 이해할 수 없어요. 모두가 투표할 수 있는 권리가 있으니 서로를 존중해야 한다고 유치원에서 배웠어요. 할머니와 할아버지 유치원 선생님은 그런 것을 가르쳐 주지 않았나요?"

어른들이 정치 이야기로 예민해진 상황에서 다섯 살짜리 손자가 끼어든다면 '버릇없는 일'이라고 꾸중 들을 수도 있을 텐데, 잭의 가족은 그 어느 때보다 기뻐하며 자신의 의견을 조리 있게 표현한 아이에게 칭찬을 아끼지 않았다.

유대인 속담에 '많은 지식을 쌓은 사람도 어린 아이에게서 배울 것이 있다'라는 말이 있다. 유대인 부모들은 나이 90세인 할아버지도 어린 아이가 이야기하는 것에 귀 기울이고 그 가운데 배움을 얻는다. 그들은 자녀들에게 '너의 생각을 주저하지 말고 무엇이라도 이야기하라'고 가르친다. 누구에게나 말할 권리가 있고 그것은 반드시 누릴 수 있는 권리라는 것을 가정에서 철저하게 가르치는 것이다.

유대인 부모들은 대화와 토론을 할 때 무작정 부정적으로 비난하려 하지 말고 상대방이 말하고자 하는 핵심이 무엇인지 파악하라고 가르친다. 그후 타당한지 아닌지 여부를 따진다. 유대인들은 세상 모든 것에서 오류를 찾고 비판적 사고를 한다.

자기주장을 확실히 하라고 해서 남을 경시하는 행동을 용인하는 것은 아니다. 유대인 부모들은 논쟁하는 상대를 존중하라고 가르친다. 특히 교사나 어른에 대한 존경심은 한국보다 더 엄격하게 요구된다. 그렇지만 토론과 논쟁에서 '어른을 존경해야 하니 네 의견을 참고 말하지 말라!'고 가르치지는 않는다. 다른 의견이 있을 때는 열띤 논쟁에 기꺼이 참여한다. 토론의 대상이 누구든, 어떤 높은 권위에도 당당하게 맞서 표현할 수 있어야 한다고 생각한다.

이 파티에서 우연히 만난 밴더빌트대학교 유대학과 리버만 교수는 이렇게 말했다.

"나는 학생들이 나의 의견이나 이론을 비판하는 것을 환영합니다. 인간의 아이디어는 완벽하지 않기 때문에 나의 이론은 비판과 조언을 통해 성장할 수 있죠. 더 나아가 나를 뛰어넘는 후학이 나온다면 그것이 내 삶에서 최고의 기쁨이고 값진 선물이 될 것입니다."

유대인 집안에는 유명한 토크쇼 진행자가 있다. 어느 날은 아빠, 어느 날은 엄마, 어느 날은 삼촌이 최고의 토크쇼 진행자가 되어 열띤 논쟁을 지혜롭게 이끌어 간다.

뉴욕에서 변호사로 일하는 유대인 친구 카밀은 "부모님께 받은 유산 가운데 가장 마음에 드는 것은 '말싸움에서 지지 말라!'는 가르침"이라고 말하기도 했다. 유대인의 뛰어난 언변술과 판단력은 부모와 그들의 생활방식으로부터 대물림 되어온 것이다.

#06 스토리텔링의 상상력 : 야론의 게마트리아

사람의 마음을 움직이는 가장 강력한 힘은 무엇일까? 그 해답으로 최근 상대방에게 알리고자 하는 것을 재미있고 생생한 이야기로 설득력 있게 전달하는 방법인 '스토리텔링'이 주목받고 있다. 틀에 짜여진 교육환경에서 '스토리텔링'은 하나의 대안으로 교육학뿐 아니라 경영학, 수학, 경제학, 예술 등 각 분야에서 활용되고 있다. 경제학자 폴 잭은 "스토리텔링은 여성 출산에 분만 촉진 호르몬으로 사용되는 옥시토신 분비를 증가시키고 이것이 높을수록 신뢰와 사랑이 높다"라고 말한다. 그리고 그것을 실험을 통해 검증해냈다. 스토리텔링은 단순한 정보 전달을 넘어선 힘을 갖는 것이다. '한 켤레 사면 다른 한 켤레는 아르헨티나 가난한 어린이들에게 기부하는 '1+1 행사'는 탐스슈즈TOMS Shoes를 세계적인 기업의 반석 위에 올려놓았다. 스토리텔링이 기업에 대한 도덕적 신뢰를 쌓는 동시에 최고의 마케팅 수단이 될 수 있다는 대표적인 사례이다.

학창시절 이스라엘 영재 프로그램에 참여했고, 이후 프린스턴대학 경제학 박사를 마치고 메케나대학교 경제학과 교수로 재직 중인 야론은 '기억력 천재'로 불린다. 그는 외우거나 기억할 때, 유대인 기억연상법인 '게마트리아Gimatria'를 이용한다. 실제로 유대인 에란 카츠는 500자리 숫자를 듣고 정확히 기억해내 기네스북에 오르며 게마트리아에 대해 소개하기도 했다. 게마트리아는 암기해야 할 숫자나 단어를 이야기로 만들어 기억하는 방식으로 스토리텔링 암기법이다. 숫자마다 상징하는 이미지를 부여하고 상징물에 기억하고자 하는 단어를 결합하여 암기한다.

"지식보다 중요한 것은 상상력이다." 아인슈타인이 한 말이다. 부모가 아이에게 하는 스토리텔링은 부모의 감정을 이야기로 표현하고 아이와 함께 나눈다. 그리고 창의력의 핵심인 상상력을 자극하고 아이의 머릿속에 있는 것을 시각화하여 느끼게 한다.

'갓난아이가 뭘 알아듣겠어?'라는 마음으로 어린아이에게 이야기조차 시도하지 않고, 심지어는 아이를 등에 업고 전화통화를 하거나 TV를 보는 경우가 있는데, 반면 유대인 엄마 리모어는 둘째 아들 아밋이 태어난 순간부터 아이를 보며 조잘조잘 끝없이 이야기한다. 2~3개월된 갓난아이에게 더 먹고 싶거나 무엇인가 원할 때 두 손을 쥐고 가운데로 모으는 특정 손동작을 반복하며 가르치기도 한다. 눈만 깜빡이는 갓난아기에게 '엄마 아빠'라고 말해보라며 끊임없이 대화를 시도한다. 혼자 원맨쇼를 한다며 놀려대던 나는, 어느 날부턴가 더 달라는 손동작을 어설프게나마 따라하고 발음은 잘 안 되지만 '엄마 아빠' 이름을 부르는 아밋을 보며 깜짝 놀랐다.

유대인에게 있어 스토리텔링은 생활 속 모든 곳에 자연스럽게 베어 있다. 부모와 조부모부터 이어져 내려온 '집 안에서 대화하는 문화'는 집, 식탁, 소파, 등하교길, 차 안 등 시공간을 초월하여 이어진다. 질문과 토론 중심의 유대인 학교, 시나고그에서 이어지는 랍비의 스토리텔링, 매주 금요일 안식일 식사를 통해 경험하는 온 가족 간의 스토리텔링은 부모의 기쁨, 슬픔, 고통, 깨달음 등 모든 상황을 함께 나눔으로써 서로 다른 세계를 이해하는 도구가 된다. 집안에서의 스토리텔링으로 아이들은 부모가 인생을 살아나가는 법을 자연스럽게 배우는 것이다.

#07   유대인 성공의 힘, 샤바트(안식일)!

"비밤, 비비비밤, 비비비비비밤~ 샤바트 샬롬 헤이Shabbat Shalom hey!

   유대인이 샤바트에 부르는 노래다. 준우는 매주 금요일마다 유치원에서 부르던 일명 '비빔밤' 노래를 좋아한다. 유대민족은 안식일을 지킨다. 성경에 기초한 이것은 유대민족 사회와 가정의 오랜 문화로 자리 잡았다. 유치원을 포함한 유대인 학교에서 행해지는 안식일 행사에도 스토리텔링이 빠지지 않는다. 랍비는 아이들 앞에서 이야기를 전달하고 아이들은 이야기를 통해 교훈을 얻는다.

안식일은 매주 금요일 해가 지고 하늘에 첫 별이 뜨는 시점에 시작한다. '방랑의 민족'이라 불리는 유대인들은 세계 각국에 흩어져 살고 있기 때문에 안식일 시작 시간이 각기 다르다. 안식일이 되면 남자들은 시나고그에 가고 여자들은 집에서 코셔 음식을 준비한다. 코셔는 유대 율법에서 '합당한 음식', '깨끗한 음식'이라는 의미로 구약성경에 기초해 만든 음식을 통칭한다. 코셔 이외에도 포도주와 할라를 준비한다. 할라는 미국에서 찾을 수 있는 빵 중에서 한국 빵과 가장 흡사한 부드러운 빵이다. 이스라엘에서는 물론이고 미국에 거주하고 있는 유대인 중 안식일을 지키는 유대인들은 이 기간 동안 자동차, 컴퓨터, 전화는 물론이고 일절 기기를 사용하지 않는다.

유대인 부인들은 안식일이 시작되기 전 모든 음식 준비를 끝내고 집에 촛불을 밝힌다. 유대인 친구들에게는 급한 일이 아니라면 금요일 해가 질 때부터 연락하지 않는 것이 기본 예의다. 유대인이 많기로 유명한 뉴욕 맨해튼 거리, 금요일 점심시간이 지날 때 즈음 머리에 키파(Kippah; 유대인 남자들이 쓰는 작은 모자)를 쓰고 일찍 퇴근하는 많은 유대인의 모습을 흔히 볼 수 있다. 미국의 많은 회사는 유대인이 안식일을 지키는 문화를 존중하고 유대인들의 당연한 일상으로 받아들이고 있다. 부모로부터 이어받은 안식일이라는 전통과 문화를 그들이 속한 사회에서 정당하게 인정받고 현대의 삶 속에서도 자연스럽게 이어나가고 있는 것이다.

물론 모든 유대인이 안식일을 지키는 것은 아니다. 내 친구들 가운데 안식일을 지키는 친구와 아닌 친구는 반반이다. 하지만 안식일을 지키지 않는 유대인도 금요일 저녁은 아이들과 더 많이 대화하고 교류하는 특별한 저녁식사를 갖는다.

유대인 사상가 아하드 하암은 "샤바트를 지키는 유대인보다 샤바트가 유대인을 지켜왔다"고 말한다. '천국의 식탁'이라 불리는 안식일은 일주일의 스트레스와 걱정으로부터 휴식시간을 갖고 집에서는 가족과, 시나고그에서는 친구, 동료, 이웃들과 교류의 시간이 된다. 이는 안식일의 휴식을 넘어서 디아스포라 삶을 사는 유대인에게 더 큰 힘이 된다.

준우의 유대인 친구 마르타네 집에서 안식일 저녁을 함께할 때의 일이다. 안식일의 궁극적인 목적은 가족 간의 오랜 대화가 아닐까 싶다. 우리 가족이 참석했던 대부분의 샤바트 식사는 평균 3~4시간 가량 진행된다. 온 가족이 한 자리에 둘러앉아 서로 한 주 동안 있었던 이야기와 그 가운데 고민 혹은 감명 깊었던 이야기를 나누는 시간이 주를 이룬다. 남녀노소 나이에 상관없이 자연스럽게 대화가 오고 간다. 대화의 주제는 주로 아이들을 중심으로 진행된다. 마르타의 아빠는 자연스럽게 아이들의 학교생활이나 친구 관계에 대해 질문하고 아이들의 의견을 유도한다.

당시 마르타의 언니 에밀리는 열 살로 미국 초등학교 3학년에 재학 중이었다. 에밀리는 2학년 때 친하게 지내던 친구와 3학년에 다른 반이 되어 점점 멀어지는 것 같다며 친구 관계에 대해 고민을 털어놓았다. 온 가족은 마치 자기 일인 것처럼 경청했다. 그리고 최고의 스토리텔러 유대인들은 자신의 어린 시절 경험을 이야기하며 조언을 아끼지 않았다.

한국에서 맞벌이였던 우리 부부는 사실 함께 저녁식사를 하는 일이 드물었다. 유대인 친구들이 초대한 안식일 저녁식사에서 우리 부부는 느끼는 바가 많았다. 그날을 시작으로 우리 가족은 매주 금요일마다 조금 특별한 저녁식사를 하는 문화가 생겼다. 준우의 친구 관계, 학교생활의 어려움 등 아이의 속마음을 들어볼 수 있는 중요한 시간을 마련했다. 온전히 우리 가족을 위해 서로 대화하고 마음을 나누는 이 시간은 가족이 서로 소통하고 교류하는 최고의 장소이다.

현대화되고 바빠지는 사회에서 우리는 가족 모두가 식탁에 둘러앉아 식사하는 시간이 점점 줄어들고 있다. 가족이 함께하는 식사 시간은 가족 간, 세대 간 소통이 이루어지는 교육의 장소이다. 가족 간 자연스러운 대화를 통해 아이의 관심과 시선이 어디를 향하고 있느지 나누고 파악하며 정서적으로 교감할 수 있다. 유대인들에게는 집안에 수많은 상담자와 롤모델이 있고 내 고통을 나눠 주는 친구가 있다. 이렇게 유대인에게 매주 금요일 안식일은 가족 모두가 성장하는 값진 시간이다.

08

달콤한 독서,
잠자리 스토리텔링

준우의 초등학교 1학년 담임 선생님 페이지는 "할머니가 난롯가에 앉아 책을 읽어 주던 기억은 제 인생 최고의 선물이에요"라고 말하며 눈시울을 붉혔다. 그녀는 학기를 시작하는 첫날 오픈 하우스Open house(학부모와의 만남)에서 아이들에게 책을 많이 읽어 주라고 강조했다.

미국 초등학교에서 가장 강조하는 것이 독서다. '에이알AR 테스트'라고 불리는 시험은 책마다 주어진 고유번호를 컴퓨터에 입력하고 5~10개의 문제를 풀고 답하는 것이다. 학기가 시작되면 테스트를 통해 개인별로 AR 레벨(수준)과 읽어야 하는 책의 목표량이 정해진다. 초등학교 1~2학년 미국 학생들은 하루에 '15~20분 이상 책 읽기'가 숙제의 일부분이다. 저학년부터 꾸준한 커리큘럼을 통해 아이들은 자기 수준에 맞는 다양한 책을 읽어 나갈 수 있다. 읽은 책의 제목, 저자 등의 리스트를 만들어내는 '독서일지'는 초등학교 1학년 때부터 작성하기 시작한다. 또한 학교는 1년에 한 번 '북페어(Book Fair)'를 개최한다. 북페어를 통해 시중보다 저렴하게 자기가 원하는 책을 구입할 수 있다.

주변에 한 아이가 '초독서증(Hyperlexia)(과도한 독서로 의미를 이해하지 못한 채 기계적으로 문자만 암기하는 증상)'이라는 유아 정신질환을 앓아 고생한 경우가 있는데, 뇌가 아직 성숙하지 않은 아이에게는 무조건 많은 책을 읽히려 하지 말고 아이의 수준에 맞고 좋아하는 책을 읽히는 것이 중요하다. 부모는 욕심을 버리고 많은 책이 아니라 한 권이라도 제대로 스스로 읽고 깨우치는 힘을 길러 주는 것이 중요하다.

'유대인은 거실에 TV를 두지 않는다'라는 말이 있다. 유대인들은 학교나 가정에서 스마트폰, 태블릿, TV를 멀리하고 독서와 토론으로 시간을 보낸다. 실제 내 유대인 친구들을 보면 TV가 있는 집도 있고 없는 집도 있다. 사실 요즘 시대에 TV가 없어도 우리는 온갖 영상물에 노출되어 있다. 초등학교 저학년부터 휴대전화가 있고, 태블릿 없는 집을 찾아보기 힘들 정도이다. 가끔 가족이 한 곳에 모여 있어도 각자 스마트폰과 테블릿으로 다른 세상을 사는 것이 우리의 현실이다. 뉴욕주립대학교 정신의학연구소 논문에 따르면 TV 시청 시간이 많은 청소년일수록 주의력 결핍과 학습장애 등 부정적 태도를 증가시킨다. 또한 인간관계 형성하는 법을 배우기 시작한 아이들에게 악영향을 줄 수밖에 없다.

30개국 선진국 가운데 국민 한 명당 독서에 투자하는 시간이 가장 적은 나라가 한국이다(2005. 영국 발표). 학창시절에는 공부에 매달리다 보니 책을 읽는 것은 상상할 수 없는 시간 낭비에 속한다. 대학에 들어가서도 공부 스트레스에서 벗어났다는 해방감을 즐기고, 취업을 위한 스펙 쌓기에 몰두하느라 책 읽은 시간은 여전히 없다. 사회생활을 시작하면 일의 노예가 된다. 평생 책 읽는 호사는 누리기 어렵다. 미국의 시사교양지 〈뉴요커〉의 미국 문학평론가 마이틸리 라오는 '한국은 정부의 큰 지원으로 노벨문학상을 가져갈 수 있을까?'라는 제목의 칼럼을 게재했다. 라오는 칼럼을 통해 책을 읽지 않는 한국의 실상을 파헤치고, 그런 한국이 노벨문학상을 바라는 아이러니한 행태를 비판하기도 했다.

강정미 동북아역사재단 현 홍보팀장은 직원들에게 책 읽기를 강조한다.

"책 읽을 시간 없다고 핑계 대면서 책을 멀리하지 말고, 책 읽는 습관을 들이세요. 직장에서 일에만 얽매여 있다고 24시간 일을 하는 것은 아니니 여유시간을 활용해 책 읽는 습관을 갖는 것이 중요합니다. 우리가 일하는 기계는 아니잖아요. 사람은 생각하는 동물입니다."

직장생활을 막 시작할 때 나에게 이 가르침은 큰 나침판이 되었다.

유대인 부모는 아이들이 책을 좋아하는 독서광이 되게 하기 위해 온갖 열정을 쏟는다. 아이가 잠자리에 드는 시간은 유대인 부모에게 절호의 기회가 된다. 갓난아기부터 부모가 읽어 주는 이야기는 아이의 뇌를 자극한다. 아직 글을 읽을 수 없는 아이들도 부모가 읽어 주는 이야기를 통해 다양한 문장을 접하고 어휘력은 물론이고 창의적 사고와 논리력을 키운다.

유대인 부모는 아이에게 책을 읽어 줄 때도 타고난 스토리텔링 능력을 발휘한다. 지루한 글자들에 생명을 불어넣어 이야기로 되살아나게 한다. 생생한 감동과 흥미로운 이야기는 아이들에게 강력한 호기심과 상상력을 불러일으킨다.

책을 오랜 시간 읽어 주는 것은 효과가 없다. 하루 10~15분이 적당하다. 딱딱하게 줄거리만 읽어 주는 것이 아니라 다양한 톤으로 연기하듯 재미있게 흥미를 유발하며 읽어 준다. 신기하게도 내 주변 유대인 엄마들은 하나 같이 책을 읽어 줄 때 구연동화 전문배우 수준이다. 그리고 아이가 좋아하는 책을 신기하게도 잘 찾아내 읽어 준다. 정말 좋아하는 책이라면 반복적으로 읽어 주며 아이가 책 읽는 것에 즐거움을 느끼도록 해준다. 이런 이유로 아이 중에 책을 통째로 줄줄 외우는 아이들도 심심치 않게 볼 수 있다. 그리고 부모는 재미있는 이야기를 통해 아이에게 깨달음을 전달하고자 노력한다. 부모가 전하는 다양한 스토리텔링은 아이가 교훈을 터득하는 최고의 수단이 되고 유대인 부모는 이렇게 매일 반복하며 훈련한다.

　책을 읽어 주는 것보다 중요한 것은 책을 읽고 아이가 자유롭게 질문할 수 있도록 유도하는 것이다. 그리고 부모는 이야기에 연관된 다양한 질문을 아이에게 던지면서 사고의 폭을 넓혀 준다. 이야기 속에 담겨 있는 교훈은 부모가 먼저 말해 주는 것보다 아이 스스로 찾아내도록 질문을 던진다. 특히《탈무드》에는 다양한 교훈이 숨어 있다. 총 1만 2,000쪽 가량의 다양한 이야기는 유대인 부모에게 인기 있는 스토리텔링 도구이자 지혜의 보고이다.

PART 4

아이를
성장시키는
현명한 엄마

어둠 속에서도 빛을 밝힐 수 있다.

– 엘리 위젤

● ● ● A-7713. 나치 독일이 유대인을 학살하기 위해 만들었던 아우슈비츠 강제 수용소 수감 당시 엘리 위젤의 왼팔에 새겨진 그의 수감번호이다. "절대로 나는 그날 밤을 잊지 않을 것이다. 수용소에서의 그 첫날밤. 그것은 내 인생을 하나의 긴 밤으로 변화시켰다." 홀로코스트 생존자인 그는 저서 《나이트》를 통해 참혹한 경험담을 세상에 알린다. 엘리 위젤이 말하는 극한의 고난과 억압은 유대 민족 박해의 역사이다. 다시 되풀이 되어서는 안 될 참혹한 역사가 유대인에게 준 가르침은 무척이나 명확하고 강력한 것이다. 폭력과 억압, 인종차별과의 투쟁에 앞장선 그는 1986년 노벨평화상을 수상했다.

상어는 부레가 없다. 부레가 없는 물고기는 원래 물 속에서 생존할 수 없다. 너무 힘이 들어 휴식을 취하고 싶어도 상어는 쉴 수 없다. 조금만 쉬어도 바로 가라앉아 죽고 말 것이다. 생존을 위해 움직이는 상어는 단 한순간도 움직이지 않을 수 없다. 살아남기 위해 어떤 고통을 이겨내는지 우리는 감히 상상하기조차 힘들다. 하지만 부레가 있는 수많은 물고기를 제지고 상어는 결국 바다의 절대 제왕이 된다.

#01 목표와 목적을 구분하는 현명한 엄마

초등학교 2학년이 된 준우의 교실에서 보조교사로 봉사할 때의 일이다. 가끔 새로운 유치원 아이들이 뛰어 노는 모습이 보인다. '준우도 저렇게 작고 귀여웠었나!' 싶을 정도로 해맑은 아이들이다. 그 모습을 함께 지켜보던 준우의 담임선생님 펠튼은 "저 때가 가장 행복할 때죠. 아무 걱정 없이 뛰어 놀아야 할 때이고요"라고 말한다.

문득 내 지나온 육아에서 가장 후회스러운 미국 유치원 시절이 떠올랐다. 알파벳도 알지 못하던 준우는 미국 유치원에서 총 4개로 나뉜 그룹 중 3등 그룹에 속했다. 그리고 나와 준우의 전쟁이 시작되었다. 태어나서 누군가에게 그렇게까지 소리 질러 본 기억이 없을 정도로 아이를 닦달했다. 색칠을 좀 늦게 했다고, 알파벳을 몰라 헷갈려 했다고 아이 자존심에 난도질하던 나의 지난 모습이 한없이 후회스럽다.

준우가 다니는 초등학교도 아이들의 읽기 수준에 따라 학급당 총 4개의 소그룹으로 나누고 수준에 따라 다른 과제로 공부한다. 이 소그룹은 알게 모르게 엄마들의 주요 관심사이다. 아이를 공부로 닦달하지 않는 미국 엄마들도 겉으로는 신경 쓰지 않는 척하지만 내 아이가 하위 그룹에 속하면 남모르게 단기 과외를 시키기도 한다. 그리고 아이가 상위 그룹으로 옮겨가는 목표를 달성한 즉시 과외를 중단한다.

목표와 목적의 차이는 분명하다. 목표는 목적을 달성하기 위해서 지향하는 실제적 대상이다. 반면 목적은 실현하려고 하는 일이나 나아가는 방향이다. 대부분의 엄마들은 뚜렷한 목적 없이, 눈앞의 목표를 향해 아이들을 몰아넣는다. 엄마가 바이올린을 좋아해서 피아노를 배우고 싶은 딸에게 바이올린을 가르치기도 한다.

준우의 유치원 시절 내 목표는 준우가 1등 그룹에 속하는 것이었다. 그러나 그 목표를 이루고 나니 고만고만한 아이들 가운데서 1등 그룹에 들어갔다고 크게 달라지는 것은 없었다. 심지어 더 큰 과제들이 놓여 있었다. 명확한 목표는 중요하다. 그렇지만 목적이 불분명한 목표는 방향을 잃은 활시위와 같다.

유대인 부모들은 하나같이 이 그룹 나누기에 동요하지 않는다. 자신만의 교육 목적에 따라 장기적인 계획을 세운다. 특히 저학년 때는 어떤 그룹에 속하든 별로 상관하지 않는다. 오히려 친구들과 노는 것에 집중한다. 친구 관계를 발전시켜 나가며 사회성을 기를 수 있도록 한다. 본인이 좋아하는 것을 찾아 차근차근 실력을 쌓도록 하고 그 실력은 학년이 올라갈수록 빛을 발한다.

유대인 부모들이 무엇보다 중요하게 여기는 것은, 작은 일도 아이 스스로 결정하고 선택하도록 가르치는 것이다. 아이들은 더 나은 선택을 하기 위한 선택의 노하우를 익히고 자신의 선택에 따른 책임감을 배운다. 이렇게 어릴 때부터 교육받아 온 '최고의 선택을 하는 법'은 선택의 연속인 인생을 살아가는 데 든든한 열쇠가 된다.

우리는 어떤 목적으로 내 눈앞에 보이는 목표물을 향해 가고 있는가? 어떤 목적으로 아이에게 교육하는 것인가? 그것이 내 욕심을 채우기 위한 목표인가, 아니면 아이의 행복을 위해 아이의 인생을 올바른 길로 이끄는 목적인가? 내 아이가 '행복을 찾아가는 것'이 인생의 목적이라는 것을 잊은 채 눈앞에 것만 강요한다면 인생의 활시위가 바로 설 수 없는데 말이다.

#02 You are different, but you are special!

'모두가 Yes라고 대답할 때 No라고 대답할 수 있는 힘!'이라는 유명한 광고 문구가 있다. 대학시절 이 광고 문구를 보고 나는 '그것은 왕따가 되는 힘!'이라고 생각했다. 남의 부탁을 거절하지 못하고 모든 질문에 'Yes'라고 대답했던 나에게 이 광고 문구는 어이없으면서도 신선한 충격이었다. 하지만 실제로 그런 힘이 있다면 좀 더 나은 '내'가 될 수 있고, 좀 더 나은 '사회'를 만들 수 있을 것 같다는 어렴풋한 희망도 생겼다. 그리고 유대인 엄마들을 통해 이 광고 문구가 중요한 교훈을 담고 있다는 사실을 실감했다.

회사원이자 유대인 엄마 제니퍼의 아들 헨리는 뉴욕 맨해튼의 유명 공립학교에 재학 중이다. 어릴 때부터 책 읽기를 좋아하는 헨리가 초등학교 4학년이 되었을 때, 제니퍼는 교육부에서 운영하는 '영재 프로그램'에 참여시키고자 학교에 건의했다. 하지만 학교는 헨리에게 '영어 독해력 미달'이라는 판정을 내렸다. 평소 조용하고 내성적인 성격의 헨리는 학교에서 전혀 눈에 띄지 않는 학생이었다. 선생님의 질문에 똑 부러지게 대답 한 번 하지 않는 헨리를 천재라 생각할 선생님은 없었다. 하지만 제니퍼는 학교의 판정에 수긍할 수 없다며 재시험을 요구했고, 결국 같은 학년보다 더 앞서 있는 점수를 받게 되었다. 그리고 이듬해부터 헨리는 교육부에서 운영하는 영재 프로그램에 참여하게 되었다.

자기주장이 뚜렷하고 똑부러지기로 유명한 유대인 문화에서 헨리의 내성적인 성격은 '비정상적'으로 여겨질 수 있다. 하지만 제니퍼는 헨리에게 다른 유대인 아이들처럼 시끄러운 아이가 되도록 강요하지 않는다. '남과 다르지만 헨리만의 특별함'을 엄마는 찾아내고 가치 있게 여겨준다. 또한 학교에서 '미달'이라는 결과를 통보했을 때 이의를 제기할 수 있는 부모의 용기는 '확신'에서 비롯된다. 아들이 다른 유대인 아이들과 조금 다르지만, 아주 어릴 때부터 책 읽기를 좋아했으며 영어 독해 및 쓰기 능력이 뛰어나다는 것에 대한 제니퍼의 굳은 확신은, 결국 아들을 '미달'에서 '천재'로 뒤바꿔 놓았다.

준우의 친구 루카스는 규칙을 싫어하는 아이다. 선생님 이야기를 들어야 할 때 그림을 그리고, 받아쓰기 하며 책을 읽는다. 규칙과 아이들의 행동에 엄격한 미국 공립학교에서 이러한 루카스의 행동은 문제가 되었다. 그리고 루카스의 엄마 블린다는 학교 관계자들과의 대회의를 수차례 거쳐야 했다. 루카스의 1학년 담임선생님은 루카스가 집중력 장애가 있다고 판단했고 스페셜리스트Specialist(특수교사)를 교육청에 요청했다.

하지만 엄마 블린다는 집중력 장애가 아니라 다른 아이들보다 무엇이든지 일찍 배우고 받아들이는 루카스가 학교 공부에 금방 싫증내기 때문이라고 확신했다. 남에게 피해를 주지 않는 선에서 자유롭게 양육하고 실증을 느끼더라도 인내하는 법을 가르치면 해결될 수 있다며 학교에 몇 개월간 지켜봐 달라고 요청했다.

매주 금요일마다 '나에게 특별한 것'을 발표하는 시간에 대부분의 아이는 집에 있는 장난감을 가지고 온다. 하지만 루카스는 학교 운동장에서 발견한 나뭇잎에서 'OOX' 패턴을 찾아 아이들 앞에서 발표한다. 선생님의 눈에는 '정상적이지 않은 아이'였지만, 엄마 블린다는 '특별하고 창조적인 아이'라는 강한 믿음을 가졌다.

블린다의 끊임없는 설득 결과, 루카스는 집중력 장애 판정에서 벗어날 수 있었다. 그리고 학년이 바뀌며 2학년이 된 루카스는 네 살 때부터 배워 온 피아노를 모든 친구 앞에서 연주하고 싶다며 선생님을 졸라댔다. 한두 번 흘려듣던 선생님에게 어느 날 루카스는 두꺼운 종이 한 장을 내밀었다. 왜 피아노 연주를 하고 싶은지 이유와 계획을 적어 작은 포스터를 만들어 온 것이다. 아이의 열정에 감명 받은 선생님은 루카스에게 2학년 전체 학생들 앞에서 피아노 연주와 설명할 수 있는 기회를 마련해 주었다.

루카스는 집에 피아노가 없어 평소 종이에 건반을 그려 연습하곤 했다. 연주회가 있기 일주일 전 블린다는 처음으로 키보드를 대여했다. 그리고 학교 대강당, 전체 아이들 앞에서 루카스는 피아노 연주를 성공적으로 마쳤다. 그 연주와 루카스의 설명을 직접 들은 학교 선생님과 교직원들은 루카스를 '열정 넘치고 똑똑한 아이'라고 재평가했다.

루카스의 일화는 나에게 큰 감동과 깨달음을 주었다. 내 아이에 대한 부모의 확신과 믿음이 집중력 장애 판정을 받기 직전의 루카스를 창조적이고 특별한 아이로 빛나게 했다. 루카스는 평생 기억할 것이다. 부모의 믿음과 사랑 그리고 확신의 힘을 말이다.

왜 많은 부모는 내 아이가 정상적인지 비정상적인지 조마조마하며 불안해하는 것일까? 이 모든 불안은 예견할 수 없는 미래에 대한 불확실에서 시작된다. 현재 많은 부모는 내 아이가 '정상적인 아이'를 넘어서 '완벽한 아이'가 되길 바란다. 유대인 친구들은 내 아이를 있는 그대로 받아들이며 그 이상을 기대하지 않는다. 아이의 특성을 존중하고 의미 있게 어긴다. 그리고 내 아이만이 가신 특성을 특별함으로 인식하고 아이만의 미래를 위해 응원한다.

모두가 바보라고 하지만 아이를 믿고 기다려 준 아인슈타인의 엄마는 유대인 성공스토리에 자주 등장한다. 알을 품고 있는 아들을 말리지 않고 격려한 에디슨 엄마의 일화는 유대인 친구들을 통해 '있을 법한 일'이라는 인식이 생겼다. 유명한 위인의 부모가 실천했다는 이야기가 내 유대인 친구들의 삶에서 그대로 실천되고 있다.

"100명의 유대인이 있다면 100개의 의견이 있다"라는 유명한 유대인 격언이 있다. 아이마다 다른 개성을 가지고 있다는 뜻이다. 따라서 각자 다른 기질을 가지고 태어나며, 부모는 그 특성을 하루빨리 파악해 그에 맞는 양육방식을 찾을 필요가 있다.

#03 좋아하는 것을 찾는 미움받을 용기

유대인 부모는 모든 것을 잘하는 '엄친아'를 바라지 않는다. 오히려 '엄친아'를 뭐하나 뚜렷하게 잘하는 것 없는 '평범한 아이'라 생각한다. 유대인 부모의 양육목적은 분명하다. 아이가 좋아하는 것을 스스로 찾아내도록 한다. 그리고 좋아하는 일을 아낌없이 응원하고 아이의 역량을 집중시키기 위해 노력한다.

하지만 대부분의 사람들은 스스로 무엇을 좋아하는지 알지 못한다. 그렇다면 왜 우리는 무엇을 좋아하는지 찾아내기 어려운 것일까? 왜 우리 아이들은 자신의 흥미를 깨닫는 데 오래 걸리는 것일까?

"행복해지려면 미움받을 용기도 있어야 한다."

유대인 심리학자 알프레드 아들러가 한 말이다. 부모, 선생님, 친구, 친척 등 타인의 기대에 인정받기 위한 삶을 사는 우리 아이들이 스스로 좋아하는 것을 찾아내기 위해서는 '미움받을 용기'가 필요하다. 진정한 자유와 행복을 얻기 위해서는 남들에게 인정받지 못하더라도 견뎌낼 용기가 필요하다.

한국의 많은 부모는 자녀를 통해 자신이 못다 이룬 꿈을 이루고자 하는 경우가 많다. 자신의 흥미가 아닌 부모의 기대를 위해 공부하는 아이는 만족감과 성취감을 느끼기 어렵다.

유대인에게 자녀는 부모의 소유물이 아니다. 잠시 내게 머물러 있는 돌봐줘야 하는 존재이다. 부모가 원하는 대로 키우는 게 아니라 아이가 원하는 것을 잘할 수 있도록 길을 찾는 데 도움을 주는 것이 중요하다. 남들이 바라는 일을 하면 그저 그런 사람이 되지만 스스로 원하는 일을 하면 성공할 수 있다고 믿기 때문이다.

내 조카는 중학생인데 한국에서 새벽 1시까지 과외를 받아야 하루 일과가 끝난다고 한다. 아침 6시에 기상, 4~5시간 잠을 자며 공부하는 것은 우리나라 대부분 학생들의 일과이다.

여행을 좋아하는 유대인 가족은 아이가 입시생이라도 주말이면 가족여행을 즐긴다. 우리나라 학생들이 공부에 투자하는 시간과 비교하면 유대인 아이들이 책상 앞에 앉아 있는 시간은 현저히 부족하다. 하지만 세계를 놀라게 하는 새로운 시작은 오랜 시간 책상 앞에서 공부하는 우리들이 아니라 유대인에게서 나왔다.

유대인 부모들은 아이들의 삶에 행복감을 주는 일을 찾기 위해 노력한다. 하고 싶은 동기가 강하기 때문에 창고에서 종일 놀다가 과학 발명품이나 새로운 이론을 만들어내는 것이다. 하지만 동기가 약한 채 책상에만 앉아 있으면 효율성이 떨어져 시간만 낭비하게 된다.

물론 유대인 부모도 나름 아이에 대한 바람이 있다. 책 읽는 것을 무엇보다 중요하게 생각하는 유대인은 아이가 책 읽기를 좋아하길 바란다. 하지만 책 읽기를 강압적으로 강요하지 않는다. '책 위에 달콤한 벌꿀을 떨어뜨린다'라는 말처럼 독서는 달콤하다는 가르침을 주어, 책 읽는 것에 흥미를 갖도록 동기부여에 힘쓴다. 아이가 책의 흥미를 깨닫고 스스로 읽기를 실천하도록 하는 것이다.

인간은 누구나 자신의 이상과 흥미를 찾으면 스스로 공부한다. 그 이상과 흥미를 찾기 위해서는 '미움받을 용기'가 필요하다. 우리는 타인의 인생을 살고 있는 것이 아니다. 우리 아이가 행복을 누릴 수 있는 진정한 자유는 누군가 미워하거나, 비난한다 해도 견뎌낼 용기가 있어야 얻을 수 있다. 용기로 얻은 아이의 흥미는 인생의 뚜렷한 목적이 된다. 목적이 뚜렷한 아이는 기적 같은 열정을 가지고 공부하고 일한다.

#04 헬리콥터 맘 vs
빗자루 선생님

'헬리콥터 맘'이 있다. 아이 주변을 맴돌며 간섭하고 과잉보호한다는 의미이다. 그리고 '빗자루 맘'도 있다. 아이들 앞에 놓인 큰 문제들만 빗자루로 치워 주며 간섭을 최소화한다는 의미이다. 유대인은 한 단계 더 나아가 아이들에게 빗자루 쥐는 법을 가르치는 '빗자루 선생님' 정도가 부모의 적절한 역할이라 믿는다. 아이들 앞에 놓인 것 중에 무엇이 장애물인지 구분하는 법을 가르치는 것이다.

　미성숙한 아이들에게 스스로 장애물을 구분할 수 있는 법은 옳고 그름, 정의와 부정을 판단할 수 있는 나침판이 된다. 그리고 장애물이 있을 때, 어떻게 빗자루질을 해야 하는지 가르치고, 도움이 필요하면 적극적으로 나서는 선생님이 최고의 부모라 믿는다.

워킹맘으로 직장과 집을 오가며 준우를 키워야 할 때 나에게 '안돼'라는 단어는 없었다. 무한한 사랑을 퍼주어도 부족하기만 했고, 따라다니며 밥을 먹여 주어도 늘 애가 탔다. 결국, 준우는 독불장군이 되어 버릇만 나빠졌다. 물론 아이가 어릴 때는 한시도 눈을 떼지 않고 보살펴야 한다. 하지만 유대인 부모는 아이가 부모의 보호 없이도 충분히 안전할 수 있는 나이가 되면 비로소 독립적인 아이로 키우기 위한 노력을 시작한다.

준우가 다닌 유대인 유치원에서는 15개월이 넘은 아이들은 대부분 간단한 장난감 사용법을 익혀 스스로 버튼을 누르며 가지고 논다. 4세가 넘은 아이들은 낮잠을 자기 위한 이부자리를 스스로 펴고 갠다. 6세가 되면 유치원에서 거의 모든 일을 스스로 해결한다. 이렇게 독립적인 아이로 교육하기 위해서 유치원 선생님은 두 배의 노력이 필요하다.

어린 아이들은 실수를 저지르기 다반사이고 장난치느라 몇 배의 시간이 걸리기도 한다. 대부분 선생님이 직접 도와주면 훨씬 효율적이고 편하지만 아이들이 '독립적으로 하는 법'을 익힐 때까지 선생님은 참고 기다린다. 7세가 되었을 때에는 혼자서 샤워도 하고, 동생을 위해 기저귀를 엄마에게 가져다주는 등 간단한 집안일을 돕기 시작한다. 유대인 엄마들은 어릴 때부터 아이들과 집안일을 분담해 노동의 가치를 깨닫게 하고 자립심을 키워 준다. 그리고 이것은 아이에게 책임감을 가르치고 독립성을 높여 결국 자신감을 갖게 한다.

유대인의 성년식은 다른 나라보다 5~8년 빠르다. 만 13세가 되면 치러지는 성년식은 '바 미쯔바Bar Mitzvah(남자)와 '뱃 미쯔바Bat Mitzvah(여자)라 불린다. 아이들은 좀 더 빠른 시기에 독립적인 인격체가 되는 것이다. 그리고 일찍 책임감을 배우게 한다. 유대교 회당인 시나고그에서 주로 거행되는 성년식은 친인척과 친구 등 많은 사람이 참석해 축하해 준다. 모두가 모인 자리에서 성년이 된 주인공은 준비한 내용을 참석자들 앞에서 발표한다.

참석자들은 현금으로 부조하는 것이 유대인 풍습이다. 부조는 유대인들이 행운의 숫자라고 믿는 '18'을 넣는 것이 보통이다. 평균 180달러 정도의 부조금이 일반적이다. 부모는 이날 들어온 돈을 저축해 놓는다. 이 돈은 아이들이 대학이나 사회생활을 시작할 때 유용하게 사용된다.

부모가 도와줄 수는 있지만 온전히 자기 힘으로 이룬 성취감은 큰 자부심을 느끼게 한다는 것을 잊지 말자. 내 아이의 능력과 기질을 찾아 스스로 계획할 수 있도록 옆에서 지원해 주는 것이 부모의 진정한 역할이다.

내가 유대인 엄마들과 유치원 원장선생님, 담임선생님으로부터 수없이 들었던 이야기는 아이가 선택의 갈림길에 서 있을 때 'Must (해야만 한다)'라는 말을 사용하지 말라는 것이다. '해야만 한다!'라는 말은 꼭 훈육해야 할 때가 아니면 사용하지 말라고 조언한다. 작은 일에도 아이가 주도적인 삶을 살 수 있도록 양육하는 부모의 태도가 중요하다고 한 목소리로 말한다.

선택의 순간에 엄마는 관찰자 입장이 되어야 한다. "너는 이것을 해야 해!"라는 명령은 아이를 계획할 수 없고 생각할 수 없는 아이로 만들기 때문이다. 엄마의 경험을 나누며 "엄마는 이렇게 생각하는데 너는 어떻게 생각하니?"라고 질문하며 아이 스스로 사고할 수 있도록 유도하는 것이 현명하다.

이렇게 유대인 부모들은 아이가 빗자루를 자유자재로 쥘 수 있도록 가르치는 최고의 빗자루 선생님이다.

#05 상처를 통해 성장하는 아이들

유대인 부부 시갈릿과 야론이 어느 날 나에게 물었다.

"수학자와 과학자 중에 왜 유대인이 많은지 알아?"

"글쎄, 아무래도 유대인의 타고난 천재성 아닐까? 특히 러시아 출신 유대인들이 많은 수학자와 과학자를 배출했잖아. 그들이 미국이나 이스라엘로 대거 유입되면서 미국과 이스라엘의 수학과 과학이 발전한 거 아니겠어?"

나는 평소 갖고 있던 내 생각을 이야기했고 야론이 화답했다.

"러시아 바로 옆 우크라이나의 수도 키예프 지역에 가면 대부분 대학교 수학과를 '작은 시나고그'라고 불렀지. 학생들 대부분이 유대인이었기 때문이야. 그렇다면 러시아, 우크라이나 지역 대다수 유대인이 왜 수학과에 몰렸을까?"

나는 선뜻 대답하지 못했다.

"대다수 러시아나 우크라이나 사람들이 하기 싫어하는 공부가 수학이었지. 그래서 많은 유대인들이 수학자와 과학자가 될 수밖에 없었어. 공산주의 국가 러시아에서 이방인으로서의 유대인이 선택할 수밖에 없었던 운명이었던 거지."

나는 '유대인 성공의 핵심이 무엇일까?'라는 물음에 수백 번 답을 해보았지만 매번 그 답은 달라졌다. 하지만 그 안에 변하지 않는 사실은 바로 유대인의 고통의 역사가 촉매제 역할을 했다는 것이다. 박해와 억압받은 유대인의 역사가 그들의 정신을 절실하게 만든 것이다. 여기서 '유대인 정신'이란 유대 종교, 철학, 역사, 문화가 복합적으로 작용한 총합체이다. 그리고 그 핵심은 지혜를 중요하게 여기는 것과 교육을 최우선 가치로 꼽는 것이다.

수많은 민족은 다양한 방식의 박해와 고난을 겪는다. 물론 그 경중을 비교하기는 어렵다. 하지만 유대인은 고난과 박해의 역사 속에서 생각하고 사고하는 힘을 길렀다. 그 결과, 많은 유대인 출신 철학자와 심리학자를 배출해냈다. 그리고 자신의 보호수단으로 경제력을 중요하게 여기며 부를 축적하기도 한다. 또한 더 나은 세상을 구현하기 위한 정의에 앞장서기도 한다. 하지만 무엇보다 선행되고 그 무엇보다 중요한 대원칙은 바로 '지혜를 중요시하고 교육을 최고로 여기는 유대인 정신'이다. 모든 것은 한 순간 빼앗길 수 있지만, 머릿속 지혜야말로 인간이 가질 수 있는 진정한 내 것임을 유대인은 그 누구보다 잘 알고 있다. 차가운 타국 땅에서 나 자신과 가족을 보호할 수 있는 유일한 방법은 '교육'뿐이라는 것을 그들은 몸소 체험했다.

역경 후의 달콤한 열매

방과 후 준우는 나를 보자마자 울상이 된 얼굴로 "오늘은 배드 럭 데이bad luck day(불행이 연속된 날)!"라며 불만을 토로했다. 쉬는 시간에 아이들과 놀다가 넘어져 무릎에 아픈 소독약을 발랐고, 엄마가 색연필로 수학 숙제를 해보라고 해서 그렇게 했더니 선생님께 주의를 들었단다. 준우가 즐겁게 수학숙제를 했으면 해서 싫다는 아이에게 색연필을 권유한 건 내 아이디어였다. 마지막으로 방과 후 준우의 숙제 파일이 가장 밑에 있어서 제일 늦게 교실에서 나왔다고 한다.

나는 준우의 무릎에 난 상처를 보며 속상한 마음을 애써 감췄다. 하지만 정작 준우를 가장 상처 입게 한 것은 무릎의 상처가 아니라 바로 선생님께 꾸지람을 들었던 일이었다. 유치원과 1학년 때까지 담임선생님들은 "준우는 롤모델(본보기)이다!"라고 같은 반 아이들 앞에서 종종 말하곤 했다. 그렇게 완벽주의자처럼 지내 온 준우의 자존심에 큰 상처가 된 것이다.

"색연필로 숙제하라고 엄마가 시킨 거잖아요. 그러니 엄마가 선생님께 얘기해 주세요." 준우가 말했다.

한참 동안 흥분을 가라앉히지 못하는 준우에게 이렇게 말했다.

"선생님께 또 꾸중을 듣는다면, 엄마가 제안했다고 선생님께 네가 직접 말해보렴. 그리고 색연필을 사용하는 것이 문제가 없다고 생각한다면 선생님에게 혼내는 이유를 물어보는 것이 어떻겠니?"

나는 준우가 선생님과의 갈등을 스스로 해결해보길 권했다.

다음 날 아침, 매주 수요일 준우 학교에서 보조교사 봉사를 하는 나에게 준우의 선생님은 놀라운 이야기를 해주었다. 수줍음이 많아 선생님께 웬만하면 질문하지 않는 준우가 아침에 선생님에게 다가와 왜 색연필로 숙제 하면 안 되는지 물었다고 한다. 얼굴이 붉어지며 질문하는 준우가 대견한 선생님은 연필로 숙제를 해야 하는 이유에 대해 자세히 설명했다고 한다. 그 이유를 알게 된 준우는 다시는 색연필을 사용하지 않겠다고 선생님께 약속했다고 한다.

나는 사실 준우가 용기 내 선생님께 말할 것이라 기대하지 않았다. 만약 어렵게 용기를 낸다면 "엄마가 색연필로 하라고 시켰어요!"라는 말을 가장 먼저 할 줄 알았다. 나중에 왜 엄마가 시켰다고 선생님에게 말하지 않았는지 묻는 나에게 준우는 이렇게 말했다.

"엄마가 시켰다고 해도 뭐가 달라지겠어요? 필요 없는 말이라 생각해서 선생님에게 안 했어요. 그리고 어제 아빠가 해준 말이 있는데 그 말이 정확히 맞아서 신기했어요. 오늘은 최고 행운의 날이에요!" 준우는 행복감을 감추지 못했다.

나는 준우의 자존심에 상처가 나서 속상했던 이 작은 시련의 경험이 지혜와 가르침을 줄 것이라 확신했다.

나를 포함한 많은 부모는 '칭찬 교육'을 중요하게 생각한다. 그러다 보면 아이들은 자신이 세상에서 가장 똑똑하고 완벽한 사람이라는 착각에 빠지는 것 같다. 자기 뜻대로 되지 않으면 불같이 화를 내고, 사소한 문제에 부딪혔을 뿐인데도 포기하고 그 책임을 남에게 돌린다. 성적이 떨어져 비관 자살을 하는 한국의 많은 사례는 아이들이 좌절이나 비판을 받아들이지 못하는 대표적 사례이다. 게임에서 이길 줄만 알고 질 줄 모르는 사람은 게임에서 지면 실패감과 절망감에서 빠져 나오지 못한다. 이것은 다시 도전하고 연습하여 이길 기회를 얻지 못하는 것이다.

준우가 학교에서 넘어져 무릎에 난 상처를 보고 오늘 아침, "조심히 걸어 다녀라! 뛰어다니지 말아라!"잔소리하던 내 자신이 순간 부끄럽게 느껴졌다. 무릎의 상처를 걱정하느라 한창 뛰어놀며 성장해야 하는 아이에게 뛰지 말라니 아이에게 무엇을 경험하고 배우라는 것인가?

유대인 부모들은 아이가 넘어져 무릎에 난 상처는 넘어 졌을 때의 고통을 경험하게 하기 때문에 넘어지지 않는 법을 스스로 배운다고 이야기한다. 그리고 나중에 넘어졌을 때 상처를 별스럽게 생각하지 않고 벌떡 일어설 수 있도록 하는 의연함도 깨우친다. 상처를 통해 성장하는 것이다. 선생님에게 꾸지람 한 번 들었다고 마음의 상처를 크게 입은 아이에게 역경을 헤쳐나갈 수 있는 힘을 가르치는 것이 중요하다.

전날 오후, 하루 종일 시무룩한 준우에게 아이스크림을 사 주겠다며 아빠가 데리고 나갔다. 준우 아빠는 차 안에서 '해'를 가리키며 이런 이야기를 해주었단다.

"준우야, 저 해가 곧 어떻게 되겠어?"

준우가 대답했다. "곧 지겠죠, 밤이 될 테니까."

"그 후에 내일은 해가 어떻게 될까?"

"아침이 되면 해가 다시 뜨겠죠."

"준우야, 해가 지면 다시 떠야 하는 것처럼 오늘 네가 학교에서 힘든 일을 겪었으니, 내일은 너에게 행운이 가득한 날이 될 거야!"

실제로 준우는 오늘 행운 가득한 하루를 보냈다. 유대인 친구들은 아이들이 어릴 때부터 위기에도 당당히 맞서는 강인한 의지와 신념을 길러 줘야 한다고 이야기한다. 아이들이 역경을 이겨내는 과정을 통해 가치 있는 삶의 교훈을 얻는다고 믿기 때문이다.

《안네의 일기》를 쓴 안네는 죽음의 문턱에서 일기를 쓰며 참고 인내했다. 삶은 인내의 연속이다. 아이들은 넓은 운동장에서 뛰어 놀며 인생을 배운다. 짓밟힌다고 없어질 씨앗이라면 어떻게 온갖 풍파 속에서 꽃을 피우고 열매를 맺겠는가? 어릴 때 적당한 역경은 커서 넓고 험한 세상을 강인하고 의연하게 살아가는 힘을 기르게 한다.

#06 평생의 유산은
아이 스스로
자신이 되는 것

유대인 미하엘은 러시아에서 태어나 구소련이 붕괴되면서 부모님과 함께 이스라엘로 이주했다. 미하엘은 자신이 현재 수학자가 된 계기에 관해 망설임 없이 아버지와의 일화를 소개했다.

미하엘이 열한 살 때의 일이다. 엔지니어 출신인 그의 아버지는 미하엘에게 매우 어려운 수학 문제를 풀어보라고 권유했다. 미하엘은 수학을 좋아하는 소년임에도 불구하고, 한 번도 본 적 없는 어려운 문제에 끙끙 머리를 싸맸다. 하지만 30여 분이 지나도록 어떤 방법도 생각할 수 없었다고 한다. 그때 아버지가 들어오셨다. 미하엘은 내심 '아버지가 이제 푸는 방법을 알려주시겠지!' 하고 기대했다. 그러나 아버지는 30분만 더 생각해보라고 했다. "이번에는 최선을 다해서 다시 한 번 풀어봐라"라는 말을 남기고 나가셨다. 미하엘은 자존심이 상해 한 번 더 문제를 들여다보았다. 그리고 최선을 다했지만 도저히 풀 방법을 생각해낼 수 없었다. 다시 30분이 지나고, 아버지가 들어오셨다. 미하엘은 최선은 다했지만 결코 풀 수 없다고 말하려 했다. 그 순간 아버지는 '그 문제는 최선을 다해도 풀 수 없는 문제였다'고 먼저 말씀하셨다. '왜 풀 수 없는 문제를 주셔서 이렇게 시간 낭비를 시키셨을까?' 미하엘은 이렇게 생각하며 화도 나고 어이도 없었다. 그때 아버지는 미하엘에게 이렇게 말했다.

"지금 한 시간 넘게 고민하고 노력했던 이 과정을 앞으로 네가 인생을 살면서 잊지 않고 기억했으면 하는구나! 그 열정을 다한 경험이 네 인생에 큰 도움이 되었으면 한다."

풀리지 않는 수학문제를 끊임없이 연구하는 힘을 아버지로부터 배웠다고 강조하는 미하엘은 '매듭이론 Knot Theory'을 연구하는 수학자가 되었다. 열한 살의 미하엘이 느낀 짧은 좌절이 그에게 평생의 재산이 된 것이다.

프랑스 작가 오노레 드 발자크는 "좌절과 불행은 천재가 평생 걸어야 할 계단이자 재능을 가진 사람의 보물이며 약자에게는 바닥없는 심연"이라고 말했다. 좌절을 느끼고 극복하는 과정이 없으면 성공의 희열도, 그리고 진정한 행복도 느끼기 어렵다.

포모나대학교 심리학 교수인 유대인 친구 제시카는 임상 실험을 통해 비슷한 결과를 도출해냈다. 실험에서 제시키는 11-15세 아이들에게 절대 풀 수 없는 어려운 문제를 주고 풀도록 한 것이다. 결과는 흥미로웠다. 그 가운데 첫 번째 그룹의 아이들은 문제를 풀기 위해 끝까지 집중하고 노력했으나, 두 번째 그룹 아이들은 중간에 풀지 못하겠다며 멋쩍은 웃음을 남기고 포기했다. 마지막 그룹 아이들은 문제를 보자마자 화가 나는 감정을 주체하지 못하며 실망감과 실패감을 얼굴에 그대로 드러냈다.

제시카는 이어지는 부모의 설문조사를 통해 놀라운 결과를 얻어냈다. 평소 부모가 좌절, 고난, 역경에 대해 교육을 시킨 아이들은 첫째 그룹의 아이들이 대부분이었으며, 아이들에게 더 많은 것을 요구하고 좌절에 대한 교육을 중요시하지 않은 부모들의 아이들이 마지막 그룹에 속했다.

아이들이 좌절을 겪을 때 부모의 태도에 따라 아이들은 좌절을 극복하고 성숙해질 수도 있지만, 반대로 실패를 두려워하고 결과를 받아들이지 못하는 사람으로 성장할 수도 있다. 부모라면 자식을 위해서 밤하늘의 별도 따다 줄 수 있을 만큼 희생적이다. 그래서인지 간식을 아낌없이 사 먹으라고 넉넉히 돈을 챙겨 주고, 주변 친구들보다 좋은 휴대전화를 초등학교 저학년 아이에게 선물하기도 한다. 때로는 '갑질'을 마다하지 않는 부모도 있다. 아이들 대신 부모가 취업을 시켜 주고, 내 아이에게 마음에 안 드는 처사를 한 선생님이나 직장 상사의 따귀를 대신 때리기도 한다.

유대인 부모는 아이에게 세상 모든 일을 자기 뜻대로 할 수는 없다는 것을 똑똑히 가르친다. 원하는 것을 얻기 위해 긴 줄을 서야 할 때, 좌절과 역경이 있을 때, 너무 어려운 수학 문제가 풀리지 않을 때 등 기다리고 극복하는 법을 당연한 삶의 일부분처럼 가르친다. 인생이라는 배의 선장은 바로 아이 스스로이다. 폭풍우가 몰아칠 때 자신의 배를 지켜낼 사람은 부모도 친구도 아닌, 바로 아이 스스로가 되는 것이다.

경쟁을 즐길 수 있는 아이

준우의 학교에서 운영되는 '100마일스Miles'라는 마라톤 프로그램이 있다. 매주 금요일에 1시간씩 모든 학교 아이들이 마라톤을 한다. 1년 동안 100마일을 달성하는 아이에게는 기념 메달을 준다. 학급에서 가장 선두기록을 달성하고 있는 준우와 토마스는 서로를 '라이별 친구'라고 부른다. 매주 금요일 학교를 마치면 서로의 한 주 기록을 점검한다.

치열한 경쟁은 위축과 불안, 패배감을 느끼게 한다는 부정적인 면이 있기는 하지만 반대로 마음의 자극제가 되어 한 단계 발전할 수 있는 기회가 되기도 한다. 내 유대인 친구들은 나보다 잘난 사람을 시기하고 질투하는 것이 아니라 경쟁이 가져다주는 발전에 집중하려고 노력한다. 둘이 경쟁하여 한 명이 이겼더라도 나와 타인을 비교하는 것이 아니라 내가 어떤 발전을 했는지에 집중한다.

유대인 카밀은 변호사이다. 세 살 때 러시아에서 미국으로 이민 온 그녀는 누구보다 치열하게 경쟁했다. 카밀이 선택한 불행을 이겨내는 법은 '공부'였다. 컬럼비아대학교 로스쿨을 졸업하고 뉴욕 맨해튼에서 금융 전문 변호사로 일하는 그녀는 그 누구보다 치열한 경쟁 속에서 살아남기 위해 몸부림쳤다. 그런 카밀은 어느 날 나에게 이런 말을 해주었다.

"나는 나보다 잘난 사람이 있으면 적으로 생각하지 않고 관찰하며 가치 있는 것을 배우기 위해 노력해. 그리고 가능하다면 서로 윈윈할 수 있는 방법을 찾으려 하지. 실제로 경쟁에서 가장 큰 적은 자격지심에 빠지는 나 자신이거든."

인생을 살면서 실제로 가장 큰 적은 다름 아닌 자신이라는 친구의 말이 진한 여운을 남겼다.

우리 아이들이 살아갈 세상은 지금보다 훨씬 거칠고 치열한 경쟁이 있을 것이다. 아이가 크고 작은 어려움을 겪을 때마다 엄마는 옆에서 무엇을 해주어야 할까? 현명한 엄마라면 어떤 치열한 경쟁에도 의연하게 맞설 수 있는 아이를 길러낼 것이다.

누가 또 알아? 모든 경험은 값지다

준우가 유치원 같은 반 친구 콜의 집에 플레이데이트를 간 날의 일이다. 콜의 집 뒷마당에는 세 마리의 닭이 있었다. 그리고 그 옆에 그네와 미끄럼틀이 있었다. 아이들은 뒷마당을 닭과 함께 뛰어다니며 여러 가지 놀이를 했다. 콜과 콜의 동생들은 모래성을 쌓다가 진흙탕을 뒹구는 게 다반사였다.

그럴 때면 나는 '혹시나 준우 옷이 더러워지면 어쩌나, 닭에게 쪼이지나 않을까?' 노심초사했다. 불안한 마음에 아이 뒤꽁무니를 쫓아다니다가 플레이데이트가 끝나기도 전에 내가 먼저 지쳐버리곤 했다. 그럴 때면 콜의 엄마 다니엘라는 나에게 이렇게 말했다.

"아이를 꽁꽁 싸매서 보호하지 말도록 해. 몇 살까지 준우가 엄마에게 보호받을 수 있다고 생각해? 지금부터 많은 경험을 하도록 자유롭게 마음을 열고 양육하는 게 중요해. 예방접종을 한 아이에게 질병에 대한 면역력이 생기는 것처럼 다양한 경험을 통해 직접 배운 아이들은 강하게 살아가는 법을 배우게 되지."

우리는 아이의 도전에 "아빠가 인생을 살아봐서 아는데"라며 확신에 찬 조언을 한다. 대학에 진학하고자 학과를 정할 때는 물론이거니와 새로운 학원을 정하거나 친구를 사귈 때에도 이어지는 이 확신에 찬 조언은 그 속을 자세히 들여다보면 사실 간섭이다. 가족뿐 아니라 친구, 친척, 이웃 등 이렇게 확신에 찬 간섭은 끊이지 않는다. 이렇게 주변에서 전해들은 경험이나 이야기들은 어느새 다른 이의 새롭게 도전하는 길을 훤히 들여다보는 '망상의 망원경'이 된다. "이 것은 실패할 거야, 이건 잘될 거야!"라며 모든 것을 다 안다는 '다목적 박사'는 가족 내에는 물론 우리 주위 곳곳에 숨어 있다.

아이들의 마음속 꿈을 확신에 찬 조언으로 무시해버리는 어른들은 어쩌면 아이들이 새로운 경험을 할 기회의 문을 막아버리는 것일 수도 있다.

내 마음에 동요가 일고 마음속에서 원해, 정말 원해, 정말 정말 원해! 라고 외쳤다. 그 소리는 매일 오후면 들리고 떨쳐버리려 노력할수록 커졌다.

- 유대인 출신의 노벨문학상 수상자 솔 벨로

유대인은 가족을 포함한 주변 사람들의 도전에 박수를 보내며 응원을 아끼지 않는다. 대학에 입학할 나이에, 그것도 학교에서 1~2등을 도맡아 하던 아이가 이스라엘 군대에 다녀오겠다는 파격적인 결정에도 응원하는 유대인 부부 시갈릿과 야론. 나로서는 부모가 승낙한 것에 대해 절대 이해할 수 없다는 반응에 이 부부는 이렇게 화답한다.

"Who Knows?(누가 알겠어?)"

이스라엘에서 어떤 경험을 하게 될지, 그 경험이 에덴의 미래를 어떻게 바꾸게 될지는 모르는 일이란다. 학창시절부터 물리학 천재라 불리던 엄마 시갈릿도, 프린스턴대학교 경제학과에서 박사를 마치고 경제학 교수인 아빠 야론도 딸의 인생에 함부로 간섭하지 않는다. 무엇을 선택하는 것이 최고의 선택인지 아무도 알 수 없다. 하지만 아이가 원하는 도전을 할 때, 적어도 '경험'이라는 값진 성과물을 얻게 된다. 인생에서 아이가 새로운 결정을 할 때, 그리고 도전할 때, "Who knows?"라는 말로 희망이 담긴 말을 해주는 것이 답이다.

실패는 경험이 되고 성공의 밑거름이 된다. 실패보다 무서운 것은 실패를 통해 깨닫지 못하는 것이다. 그리고 그것보다 더 무서운 것은 실패가 두려워 도전조차 하지 않는 것이다. 이는 인생의 모든 기회를 포기하는 것과 마찬가지이다. 세상에 존재하는 수많은 위인은 실제로 많은 역경과 실패를 경험했다. 그리고 그 경험을 통해 얻은 깨달음과 교훈이 발전이라는 열매를 맺었을 때 위인이 탄생한다.

많은 부모는 아이를 대신해서 모든 것을 해주고 싶어 한다. 내 아이는 고생하지 않고 평탄한 삶을 살기를 원한다. 아이를 지름길로 안내하는 부모라면 스스로 늘 질문해야 한다. '내가 선택한 길이 내 아이를 위한 지름길이 맞는가? 이 선택이 옳다고 확신할 수 있는가?

상어가 될 수 있는 내 아이에게 편한 지름길을 강요해서 오히려 바다의 제왕이 될 기회를 빼앗아 버리는 것은 아닐까?' 지름길이라 믿었지만 성공을 가로막는, 경험하고 발전하는 기회를 박탈당하는 선택일 수도 있다.

내 아이가 역경 앞에서 인내하고 고통 속에서 '오뚝이'처럼 일어설 수 있는 강인함은 부모가 물려 줄 수 있는 최고의 유산임을 기억하자.

#07 자기만의 박자로 움직이는 아이의 특별한 시계

준우가 유치원에 들어가기 전 가장 큰 걱정은 기저귀를 떼는 일이었다. 구르기, 걷기, 말하기, 모든 것이 다른 아이들보다 늦었던 준우였기에 기저귀 떼기 역시 힘들고 긴 싸움이었다.

게다가 주위 대부분의 유치원은 아이들을 인격체로 존중해 준다는 이유로 4세 반이 지난 아이들은 혼자서 화장실에 가야 한다. 아직 미성숙한 아이들이 화장실 안에서 실수를 하더라도 본인 스스로 해결해야 한다. 어린 아이들은 속옷에 실수하고도 그냥 종일 뛰어 논다. 그래서 아이들이 집에 돌아오면 엄마들은 아이의 속옷을 점검하기 바빴다.

나는 하루빨리 준우의 기저귀를 완벽히 떼기 위해 준우를 다그치고 혼내기 시작했다. 준우가 실수하는 날이면 엄하게 훈육했다. 하도 엄하게 혼내는 터에 엉엉 우는 준우를 한참 달래기 일쑤였다.

그런데 정작 유치원을 보내는 대망의 첫날 나의 고통스럽던 '기저귀 떼기 대작전'은 헛수고가 되고 말았다. 기저귀를 차기에는 몸집이 너무 커 보이는 아이들의 기저귀를 선생님이 자연스럽게 갈아 주고 있는 게 아닌가. 유대인 유치원에서 5세가 된 아이들의 기저귀도 갈아주느냐는 나의 질문에 원장선생님 코리는 이렇게 말했다.

"그게 뭐가 문제가 되나요? 늦게 기저귀를 뗀다고 문제될 것은 없지요. 아이마다 발달 시기가 다르죠. 좀 빠른 아이도 있고 느린 아이도 있어요. 하지만 기저귀를 차고 초등학교에 입학하는 아이는 없답니다."

유대인 엄마들은 아이마다 적절한 '때'가 있다고 말한다. 아이의 느림과 혼란에 유대인 부모들은 이해심을 갖고 기다린다. 어떤 아이는 기저귀를 빨리 떼고 어떤 아이는 한참 지나서야 기저귀를 뗀다. 사람은 각자 자기만의 박자로 움직이는 '특별한 시계'를 가지고 태어난다. 아이마다 받아들일 준비가 되는 시간도 다르고 흥미를 보이는 타이밍도 다른 것이다.

전혀 관심 없는 아이에게 바이올린을 가르치고 비싼 교구를 사다가 교육하는 것은 시간 낭비와 돈 낭비가 되기 쉽다. 유대인 부모들은 서두르지 않고 적절한 때를 기다려 아이들 안에 움직이고 있는 특별한 시계 소리에 귀 기울인다.

나는 준우의 일이라면 언제든 발 벗고 나서서 도움을 주었다. 준우의 입에서 도와달라는 말을 할 기회조차 주지 않을 정도로 아이에게 필요한 것이 무엇인지 먼저 보고, 먼저 해결해 주었다. 결국, 기다리지 않고 도와주는 내 행동은 준우를 초등학교 2학년이 되어서도 운동화 끈을 스스로 묶지 못하는 아이로 만들었다.

유대학을 공부하고 내쉬빌에 있는 유대인 학교 부원장 다니엘라는 "위험하거나 남에게 피해 가는 일이 아니면 스스로 하도록 놔두세요"라고 조언한다. 아이가 스스로 할 수 있는 일을 부모가 나서서 기회를 빼앗으면 안 된다는 것이다. 엄마가 해결사처럼 시도 때도 없이 도와주는 경우 아이들은 지나치게 부모에게 의존하는 아이가 되거나 꾹 참고 엄마를 따르다가 나중에 불만을 터뜨리기도 한다. 아이들은 도움이 필요하면 알아서 먼저 요청한다. 그때가 바로 부모가 나서야 할 '적기'이다.

유대인 부부 시갈릿과 야론의 첫째 딸 에덴이 다섯 살 때의 일이다. 이들 가족은 이스라엘에서 미국으로 건너와 프린스턴대학교 기숙사에서 생활했다. 아빠 야론이 경제학 박사과정을 시작했기 때문이다. 엄마 시갈릿은 유독 퍼즐을 좋아하는 딸을 위해 갖가지 다양한 퍼즐을 시도해봤다. 어느 날 시갈릿은 에덴의 유치원에 100조각짜리 퍼즐을 가져갔다. 그리고 에덴에게 가지고 놀도록 했다. 될듯 말듯 어려워하는 에덴을 유치원 선생님이 도와주려고 하자 시갈릿은 선생님을 말렸다. 에덴 스스로 퍼즐 푸는 방법을 찾도록 기다려달라고 부탁했다. 결국, 오랜 시간이 지나 에덴은 퍼즐 100조각을 혼자서 완성했다. 이 유치원에서 에덴은 '5세에 퍼즐 100조각을 맞춘 기적의 아이'로 이름을 알렸다.

유대인 부모는 아이보다 한걸음 뒤에서 걷는다. 그리고 아이를 믿고 기다릴 줄 안다. 나와 에덴의 유치원 선생님을 비롯한 많은 어른은 '하지 못할 것'이라며 아이의 능력을 한정시키곤 하지만 스스로 경험을 통해 방법을 깨우치는 아이들의 잠재력은 어른들이 가진 눈을 뛰어넘는다. 그리고 나의 눈에는 보이지 않았던 아이의 잠재력을 내 유대인 친구들은 용케도 찾아낸다.

2000년 당시 미 부통령이었던 엘 고흐가 뉴저지의 작은 마을인

리빙스톤Livingston에 방문했을 때의 일이다. 뉴저지에서 가장 영향력 있는 사람 중 하나인 찰리 쿠슈너는 유대인 커뮤니티를 대표해서 부통령의 의전을 총괄하게 되었다. 그런데 여기에서 주목할 점은 이 행사를 주관한 것은 찰리 본인이 아닌 그의 첫째 아들 제러드였다는 것이다. "19세의 어린 남학생이 그런 중요한 자리에서 차분하게 제 역할을 다해내는 모습을 보고 큰 감명을 받았습니다."

그 자리를 함께했던 민주당 임원 패트리카 세볼드가 한 매체와의 인터뷰에서 한 말이다. 19세의 젊은 청년이 미 부통령을 모시는 행사를 도맡아 주관하고, 많은 정치인들 앞에서 스피치를 성공적으로 할 수 있다는 자체만으로도 놀라운 일이다. 하지만 그보다 놀라운 것은 그렇게 중요한 행사에 어린 아들을 절대적으로 믿고 맡길 수 있는 한 아버지의 용단 있는 결정이다. 아버지의 무한한 믿음과 지지를 받으며 성장한 청년은 트럼프 미국 대통령의 사위이자 35세 젊은 나이에 백악관 수석자문관 물망에 오른 제러드 쿠슈너이다.

내 아들의 잠재된 능력을 굳건히 믿고 한발짝 뒤에서 지켜봐 주는 유대인 아버지 찰리 쿠슈너! 제러드가 소년, 청년 그리고 어른이 되는 과정에서 아버지로부터 받은 사랑과 믿음은 분명 그에게 든든한 버팀목 그 이상의 힘이 되었을 것이다.

엄마 손에 묶인 새는 자유롭게 날갯짓을 할 수 없어 하늘을 날 수 없다. 아이들이 새로운 것에 도전하고, 두려움 앞에 용기를 낼 때, 부모가 해줘야 할 일은 그리 크고 대단한 것이 아니다. 아이가 한 발짝 첫 발을 내디딜 수 있는 크고도 작은 힘은 부모와 선생님의 칭찬과 격려 그리고 믿음이다.

내 친구인 유대인 엄마들의 특징 가운데 하나는 아이가 잘한 일이 있을 때는 칭찬을 아끼지 않는다. 중요한 점은 칭찬할 때 추상적으로 '잘했다!'가 아니라 구체적 사실들을 열거하며 칭찬하는 것이다. 또한 실패했을 때 용기를 주는 격려는 더욱 중요하다고 믿는다.

칭찬과 격려는 아이들을 한 발짝 움직이게 하는 연료가 된다. 아이들은 재배 설명서가 없는 씨앗과 같다. 설명서가 없으니 처음에는 어느 토양에 씨를 뿌려 줘야 할지, 물은 하루에 몇 번을 줘야 하는지 알 수 없다. 하지만 시간이 지나다 보면 씨앗이 잘 자라는 최고의 환경을 찾아낼 수 있다. 이것을 현명하게 찾아내는 것이 바로 부모의 역할 아닐까? 부모는 각자가 소망하는 꽃이나 열매가 있겠지만, 때가 되면 씨앗이 본래 가진 성질대로 꽃이 피고 열매를 맺을 것이다.

#08 불씨가 타오르길 기다리는 엄마의 헌신

유대인 학교 부원장 다니엘라는 뉴욕에서 방문한 친척들에게 우리 가족을 소개해 주고 싶다며 저녁식사에 초대했다. 다니엘라는 내가 준우 교육에 대해 조언이 필요할 때마다 찾아가는 선생님 같은 친구이다.

할머니, 할아버지, 이모, 이모부, 삼촌과 사촌들까지 대가족이 모인 가운데 식사 자리가 시작됐다. 뉴욕에서 인권 변호사로 일하는 콜의 삼촌은 유독 아이들에게 많은 질문을 하며 대화를 즐겼다. 그는 준우에게도 이런 저런 학교생활에 대해 물었다. '영어를 배운 지 이제 막 8~9개월 되어가는 준우가 지금 얼마나 당황스러울까!' 긴장한 나는 자연스럽게 준우의 학교생활에 대해 대신 대답했다. 그러고는 이렇게 덧붙였다.

"준우는 원래 잘 모르는 사람 앞에서 수줍음을 타서 대화하는 것을 좋아하지 않아요."

하지만 콜의 삼촌은 포기하지 않고 "준우는 어떻게 생각하니? 학교에서 특별한 고민은 없니?"라며 거듭 질문하고 준우의 대답을 기다렸다. 몇 초의 침묵이 너무 길게 느껴진 나는 다시 한 번 내가 대답하려고 말을 꺼내려는 순간, 준우가 나보다 조금 빠르게 고민거리에 관한 이야기를 시작했다. 준우의 영어 실력은 내 걱정이 무색할 만큼 성장해 있었다.

그 순간 나를 당혹스럽고 부끄럽게 만든 것은 다름 아닌 불안함을 참지 못한 나 자신의 모습이었다. 그리고 "준우는 수줍음을 타서 말하지 않을 것이다!"라고 말해버린 내 경솔함이다. 또한 그 불안함에서 벗어나려고 내 마음대로 행동한 내 이기적인 모습이다. 나는 준우를 믿지 못했고 내 아들에게 말할 수 있는 기회조차 주지 않았다.

며칠 후 다니엘라와 커피를 마시며 대화를 나누었다. 내 아이가 어른들 앞에서 실수하면 어쩌나 하는 생각에서 출발했던 나의 불안감을 고백했다. 다니엘라는 먼저 나서서 해결하려고 했던 나의 행동을 '이제 막 발산하려고 하는 아이 능력의 불씨를 꺼버리는 행동'이라고 이야기한다. 이러한 엄마의 과잉 헌신은 아이가 자립적으로 사고하고 행동할 수 있는 능력을 훼손시켜 의존적인 아이로 만들 수 있다는 것이다. 자기 스스로 사고하고 표현할 수 없는 아이는 자립심은 물론 책임감을 배우기도 어렵다. 다니엘라는 이렇게 덧붙였다.

"유대인 부모는 아이에게 '실수는 미래를 위해 지금 미리 들어놓는 보험과 같은 것'이라 가르쳐. 어린 아이이기 때문에 실수할 수 있지. 어릴 때 하는 실수가 어른이 되어서 하는 실수보다 낫지 않겠어?"

유대인 부모들은 아이가 어릴 때 실수하는 것을 두려워하지 않는다. 어릴 때 실수가 두려워 시도하지 않고, 표현하지 않고, 경험하지 않는다면 배울 수 있는 것이 하나도 없기 때문이다. 유대인 교육의 가장 핵심은 '아이 스스로 생각하고 그것을 입으로 표현하도록 하는 것'이다. 반대로 유대인 부모가 가장 두려워하는 것은 아이가 스스로 사고하고 표현하는 용기를 포기하는 것이다.

캐롤을 들으며 크리스마스를 즐기는 12월, 유대인 친구들은 '하누카'를 즐긴다. 가장 대표적으로 '하누키아 hanukia (하누카에 사용하는 아홉 촛대)'에 매일 밤 촛불을 밝히는 것이다. 총 8일 동안 치러지는 이 행사는 첫날에는 1개의 초를, 둘째 날은 2개의 초를 밝히는 방식으로 마지막 8일째 되는 날에는 8개의 모든 초에 촛불을 밝힌다. 하지만 하누키아에는 총 9개의 촛대가 있다. 총 8개의 초는 'Days(날)'을 의미한다. 그리고 마지막 한 개, 가장 가운데 위치한 초를 '샤마쉬 Shamash(봉사의 초)'라고 부른다.

매일 밤 유대인은 샤마쉬에 가장 먼저 불을 밝힌다. 그리고 몇 번째 밤인지에 따라 순서대로 불을 옮겨 태운다. 빛나는 촛불 옆에는 꺼진 촛불들이 자기 차례를 기다리며 침묵하고 있다. 우리는 빛나는 촛불을 보며 기뻐하고 환호하지만, 주변에 꺼져 있는 초들에는 무관심하다. 그러나 꺼져 있어 존재감이 없던 초는 샤마쉬에게서 불을 옮겨 받은 순간부터 밝게 빛나며 가치 있는 촛불이 된다.

하누카의 하누키아 점등 행사를 지켜 보며, 샤마쉬야말로 내 유대인 친구들이 강조하는 현명한 부모 같다는 생각이 든다. 현명한 부모는 아이를 양육하며 아이 내면에 숨겨진 초를 찾아낸다. 움직임도 없고 빛도 없는 잠재된 초를 찾는 일은 생각보다 어렵다. 혹여나 내가 찾지 못하면 아이의 잠재된 초는 평생 빛을 보지 못하고 버려진다.

현명한 부모는 아이의 잠재된 초가 지금은 꺼져 있는 초일지라도 엄마의 불길이 닿으면 밝게 빛날 촛불이기에 가치 있게 다룬다. 엄마의 샤마쉬 불꽃은 때를 기다리던 아이의 잠재된 초에 불을 밝히게 해

준다. 그리고 아이가 스스로 빛을 밝힐 수 있도록 지도해 준다. 그 후에는 초 자신의 몫이다.

어떤 빛을 가지고 얼마나 환하게 빛날지는 아무도 알 수 없다. 얼마나 오랫동안 그 빛깔을 유지할지 더는 샤마쉬가 간섭할 수 없다. '때'를 기다리는 현명한 샤마쉬 부모는 아이의 잠재된 능력이 마음껏 세상에서 빛을 발하고 인정받을 수 있도록 도와주는 것이다.

PART 5

희생되지 않는
엄마의 시간

●　●　　사회심리학의 개척자 에리히 프롬은 독일태생 유대인이나. 그는 우리에게 잘 알려진 《사랑의 기술》, 《건전한 사회》, 《소유냐 존재냐》, 《자유로부터의 도피》 등 많은 역저를 남겼다. 이 가운데 세계적 베스트셀러 《사랑의 기술》에서 그는, 사랑을 잘하려면 기술이 필요하다고 설명한다. 그 기술을 얻기 위해 사랑의 본질을 파악하고 그에 따른 훈련이 선행돼야 한다고 이야기한다. 내 아이를 사랑하고 육아하는 것 역시 기술이 필요하다. 사랑한다고 무턱대고 다 들어 준다면 버릇없는 아이가 되고 만다. 내 자녀를 올바르게 사랑하는 기술을 얻기 위해서 우리는 무슨 훈련을 해야 할까? 현명한 부모는 완벽한 아이를 바라지 않는다. 완벽함은 허상이기 때문이다. 하지만 원칙과 규율의 울타리를 벗어난 행동을 했을 때는 단호하게 훈육한다. 유대인 부모들은 사랑하는 아이들을 훈육해야 한다고 판단했다면 망설이지 않는다. 아이의 성향이나 기질에 따라, 그리고 잘못의 경중에 따라 현명한 훈육법을 찾아낸다. 지혜로운 훈육은 아이에게 깨달음을 주고 아이를 변화시킨다.

#01   집은 아이 교육의
알파와 오메가

준우가 초등학교 1학년 때의 일이다. 학교를 마치고 집으로 돌아와 간식을 먹으며 학교에서 있었던 이야기보따리를 풀기 시작했다. 점심시간에 친구들과 테이블에 앉아 점심을 먹다가 친구 루카스가 제임스의 도시락 가방을 장난으로 멀리 던졌다고 한다. 그 모습을 바로 앞에서 본 준우는 루카스의 행동에 화가 나서 이렇게 말했단다.

"루카스, 그건 나쁜 행동이야. 너 빨리 제임스에게 사과해! 내가 하나, 둘, 셋을 셀 테니 그 안에 사과하도록 해! 하나, 둘, 셋!"

순간 나는 당황하고 말았다. 내가 양육하며 화를 참지 못할 때 아이를 협박하며 쓰던 표현이기 때문이다. 숫자를 세며 아이를 압박하고 다그치는 부모의 행동은 아이를 불안하게 한다는 것을 알고 평상시 부끄럽게 생각한 내 습관이기도 하지만, 그런 협박을 친구들에게 그대로 따라하는 내 아이를 보며 이렇게 나두 모르는 사이에 아이가 내 언어습관을 그대로 닮는다는 것을 실감하게 된다. 아이들은 부모의 언어와 행동을 보고 모방한다. 나중에는 단순한 언어와 행동을 넘어 가치관 자체가 닮아버린다고 한다.

'알파'는 그리스어 알파벳의 첫 글자, '오메가'는 가장 마지막 글자이다. '집은 아이 교육의 알파와 오메가'라는 말은 집 안에서 부모로부터 보고 배운 생활방식이 아이 교육의 첫 시작이요, 마지막이라는 의미이다. 즉, 부모의 역할이 아이 교육의 처음부터 끝, 전부라는 뜻이다.

어른이 되고 부모가 되는 일에는 꼭 염두해야 할 부분이 있다. 부모는 완벽한 개체가 아니다. 많은 실수를 한다. 사람들은 사회생활을 하면서 수많은 관계 속에서 자신의 기분 변화, 성격, 감정 등을 인내하고 숨기며 살아간다. 그런데 부모가 된 이들은 평생 처음으로 내 마음대로 대할 수 있는 존재를 만난다. 바로 자녀이다. 집에서 아이에게는 절대 권력자가 될 수 있다. 종종 밖에서 받은 스트레스를 아이에게 푸는 경우도 생긴다.

유대인 부모들은 아이들이 부모의 행동과 말을 통해 자신의 사고를 형성해 간다고 이야기한다. 아이가 올바른 사람으로 성장하고 성공할 수 있는 핵심은 부모에게 달린 것이다. 아이가 태어나서 부모를 통한 교육이 그 아이의 삶을 50퍼센트 이상 결정짓는다고 믿는다. 그래서 내 유대인 친구들은 지식을 공부하는 것은 물론이요, 제2외국어, 인성교육, 사회성, 가치관, 친구 관계 등 모든 교육을 집에서 한다. 특히 5세까지 두뇌발달의 75퍼센트 정도의 성장이 이루어진다고 한다. 따라서 5세 이전에는 부모가 아이에게 지대한 영향을 미친다.

유대인에게 있어 가정의 화목은 '가화만사성' 이상의 의미가 있다. 대다수 유대인 부모들은 바쁜 일과지만 가족과 함께 시간을 반드시 보내려 노력한다. 엄마 아빠가 맞벌이 하는 등 잦은 출장과 늦은 퇴근으로 아이의 얼굴조차 보기 어려운 경우도 있다. 출장으로 집에 몇 날 며칠 들어오지 못하기도 하고, 수술이 있어 자정이 넘어 퇴근하기도 한다. 그렇더라도 아이와 교감하기 위해 너무 늦게 퇴근해서 아이의 얼굴조차 볼 수 없다면 아침식사 시간이나 주말을 이용해서라도 대화하고 소통한다.

굳이 긴 시간을 함께할 필요는 없다. 짧은 시간을 질 높게 사용하는 것이 좋다고 유대인 부모들은 말한다. 무엇보다 금요일 안식일을 이용해 아이와 소통하고 교감한다. 아무리 바쁜 부모라도 유대인이라면 안식일을 가족과 함께하는 것이 이들의 역사와 문화이자 삶이기 때문이다. 안식일을 종교적 행사로 챙기지 않는 유대인 부모들도 가능한 금요일 저녁식사는 가족이 모여 시간을 보낸다.

#02 그 누구에게도 빼앗기지 않는 지혜

어느 날 준우의 유대인 친구 요나탄은 학교에서 있었던 일을 이야기하며 나에게 이런 질문을 했다.

"이모, 여러 마리의 새를 상자에 넣고 새들이 그 안에서 날고 있다고 가정해보세요. 새들이 공중에서 날고 있는 상자의 무게를 재면 어떻게 될까요? 그렇다면 새들의 원래 무게를 합한 것과 날아다니는 새들이 갇혀 있는 상자의 무게 중 어느 쪽이 더 무거울까요?"

태어나서 한 번도 생각해본 적도, 궁금해본 적도 없는 질문이지만 이번에는 나름대로 확신을 가지고 대답했다.

"당연히 새들의 원래 무게를 합한 무게가 더 많이 나갈 것 같은데. 이유는 상자 안에 갇힌 새들은 파닥파닥 날아 공중에 떠 있기 때문에 무게가 나가지 않겠지."

요나탄은 학교에서도 친구들과 선생님이 나와 같은 대답을 했다고 한다. 하지만 여전히 요나탄은 새들의 원래 무게를 총 합한 것과 새들이 날아다니는 상자의 무게가 같을 것 같다고 의구심을 드러냈다. 선생님이 이미 준 해답에 의문을 갖고 끊임없이 고민하는 요나탄에게 나는 이만 포기하고 다른 새로운 놀이를 해보자고 조언하고 말았다.

일주일 후 만난 요나탄은 결국 본인의 말이 맞다는 것을 학교에서 증명해냈다고 한다. 새들의 원래 무게를 합한 것과 새들이 상자 안에서 날갯짓하며 공기 중에서 만들어낸 무게로 인해 그 두 무게가 같다는 요나탄의 논리가 결국 입증된 것이다.

유대인 아빠 야론은 아들 요나탄에게 세상에 믿지 않아야 할 것 3가지로 선생님이 확신하는 정답, 인터넷에서 쉽게 검색해서 얻는 정보, 본인 스스로 너무 쉽고 명확하게 얻은 해답을 든다고 했다. 아빠 야론은 '이게 아닐 수도 있다'라는 끊임없는 호기심을 가지라고 아이에게 조언한다.

우리는 어떠한가? 우리는 명쾌한 해답을 좋아한다. 그리고 그 해답만 외우면 된다고 생각한다. 그리고 표면에 드러난 해답만 보고 그 안에 드러나지 않은 다른 영역에 대해 호기심 갖는 것을 두려워한다. 지금 내가 알고 있는 해답이 아무것도 아닌 것이 될까 봐, 내가 모르는 세계가 너무 커서 내 무지를 인정하게 될까 봐 두려운 것일지도 모른다. 표면에 드러나지 않은 그 안에 어떤 비밀을 품고 있는지 알 수 없는데 말이다.

수학 시험에서 0점과 100점을 받은 학생은 서로 무슨 차이가 있는 것일까? 유대인 부모들은 이 차이를 바로 '무지를 파악하고 인정하는 차이'라고 믿는다. 무지를 파악하고 인정하지 않은 학생은 의심도 질문도 하지 않는다. 따라서 0점을 받은 학생은 문제를 풀기 위해 눈에 보이는 정보에만 집중하느라 그 풀이 뒤에 숨겨진 원리를 파악하지 못한 것이다. 이런 학생들은 문제가 조금만 변형되어도 문제를 풀지 못한다. 하지만 눈에 보이는 것에만 집중하는 것이 아니라 '눈에 보이는 것이 내가 아는 다가 아닐 수도 있다'라고 무지를 인정하고 끊임없이 질문하는 학생은 숨겨진 원리를 파악하게 된다. 무지를 파악하고 그것을 인정하는 것은 아이들의 성장 과정에서 무척 중요하며 호기심과 질문으로 원리를 파악한 사람이야말로 지혜의 날개를 달고 자유롭게 날 수 있다.

1944년 노벨물리학상을 받은 이시도르 라비의 인터뷰는 유명하다. "학교를 마치고 집에 돌아가면 다른 엄마들이 오늘 학교에서 무엇을 배웠냐고 물을 때 저의 엄마는 오늘 학교에서 무슨 질문을 했는지 물었습니다"라며 자신의 모든 성공은 엄마에게 있음을 인터뷰에서 밝혔다.

유대인은 질문하는 아이로 키운다. 내가 이미 다 알고 있다고 자만하지 말고, 설사 선생님이 해답을 알려 주더라도 다시 한 번 스스로 사고하고 질문하라는 것이다. 이렇게 호기심을 자극하고 스스로 질문하게 하는 유대인의 가정교육이 자연스럽게 아이들의 지혜를 성장시키는 것이다.

"세상에 어떤 일이 있어도 뺏기지 않는 것은 사람 머릿속에 있는 지혜이다." 유대교육에 관심을 갖게 되면서 정말 많이 듣게 된 유대 격언이다.

함께 산책하던 시갈릿은 유대인 대학살을 겪은 부모님 이야기를 꺼냈다. 그녀의 부모님은 가지고 있던 모든 것을 빼앗기고 아무것도 남은 것이 없을 때, 자신의 목숨이 끊어지지 않는 한 항상 지켜낼 수 있고 함께할 수 있는 것, 믿을 수 있는 지혜의 중요성을 더욱 절실히 깨달았나.

방랑민족, 박해의 역사는 이렇게 누군가에게 빼앗길 수 있다는 불안감을 주었다. 금, 은, 보석 등 좋은 물건은 곧바로 산산조각이 나거나 눈앞에서 잿더미가 되어 무용지물이 되었기 때문이다. 하지만 아무도 힘으로 빼앗아 가지 못하고 변하지 않는 것은 '지혜'라는 가르침을 그들은 얻었다. 그래서 시갈릿의 부모님은 지혜는 최고의 재산이라고 늘 강조했다고 한다.

유대인 가정에서 성장하며 지혜를 쌓기 위해 끊임없이 연구한 칼 마르크스는 영국 대형박물관의 모든 책을 읽었다고 전해질 만큼 평생을 공부했다. 그리고 그의 지혜는 최고의 사상가로서 우리 기억 속에 영원히 살아 있다.

유대인 부모는 아이들에게 늘 사고하게 하고, 생각을 멈출 시간을 주지 않는다. 자칫 부모가 계속 질문하거나 공부시켜 아이들이 질려 버릴 것 같지만 그렇지 않다. 아이들은 재미난 놀이처럼 사고하는 것에 푹 빠져 있다. 부모는 아이들이 멈추지 않고 생각할 수 있는 환경을 곳곳에 만들어 준다.

지적 대화를 위한 넓고 얕은 지식

주변에 잡다하게 지식이 많은 사람이 있다. 이런 사람들의 특징은 이야기하는 것을 좋아한다. 그리고 그런 사람들이 인기가 많고 성공한다. 그렇다면 왜 미국사회는 잡다한 지식에 열광하는 것일까?

미국 사회의 중심으로 갈수록 파티나 회의장에서 이런 잡다한 지식의 장이 열린다. 유럽 역사, 중국 역사, 일식과 월식, 미술작품, 유명한 음악 공연 등 분야를 불문하고 다양한 이야기가 오간다. 그곳에서 주도권을 잡거나 대화 안에 참여할 수 있는 사람은 사회생활에서 많은 점수를 이미 얻고 시작하는 것이다. 미국 사람들은 이런 사람을 치밍 Charming(매력 있음)하고 교양 있는 사람으로 대우한다. 우리가 생각하는 잡다한 지식이 그들에게는 풍부한 교양으로 통하는 것이다.

이제 우리도 지식의 다양성에 대한 인식 전환이 필요하다. 폭넓은 교양 수준은 어릴 때부터 독서를 통해 습득한 경우가 대부분이다. 또한 교양 수준이 높은 부모 밑에서 듣고 배우기도 한다. 무엇보다 이 풍부한 교양 수준은 사회생활을 하는 데 큰 경쟁력이 된다. 인간은 배움을 통해 정보와 지식을 쌓는다. 지혜로운 사람은 지식을 배우는 능력이 있고 그것을 활용할 줄도 안다.

유대인들은 많은 지식이 있어도 그 안에서 무지를 파악하고 솔직하게 질문한다. 그리고 본인이 가진 지식과 교양을 시의적절하게 활용할 줄 안다. 그들은 분야를 막론한 성취와 업적을 통해 유대인 지혜의 힘을 증명해냈다.

다국어라는 선물

리모어네 가족과 멕시칸 식당으로 저녁식사를 갔다. 주문하면서 리모어는 주인아주머니와 한참 대화를 주고받았다. 그 가운데 17개월 아밋이 "감사합니다"를 히브리어로 이야기하자 깜짝 놀란 아주머니가 리모어에게 물었다.

"어린 아이가 말하는 것도 놀랍지만 벌써 제2외국어를 하네요!"

"히브리어가 제 모국어니 당연하지요!"

"제가 성장할 때에는 미국에서 스페인어를 쓰면 사람들이 무시한다고 부모님들이 쓰지 못하게 했었죠. 하지만 요즘 스페인어를 쓰는 사람들이 많으니 경쟁력이 되더라고요."

리모어는 아주머니께 모국어를 집에서 지켜내는 것이 얼마나 중요한지 한참을 강조했다.

"아이들에게 부모가 다국어를 선물할 수 있다는 것은 최고의 선물이죠!"

리모어가 이야기했다.

유대인들은 각국에 흩어져 사는 친척들과 만나다 보면 새로운 언어를 자연스럽게 익히는 기회가 되기도 한다. 어릴 때부터 다양한 언어에 노출된 유대인은 단일어만 쓰던 사람보다 언어감각이 뛰어나다. 미국의 다양한 이민족 가운데 유대인의 영어 수준은 탁월하다.

더 많은 단어, 고급스러운 표현을 부모가 어릴 때부터 갈고 닦게 한 교육의 산물이다. 다양한 문화와 언어를 경험할 수 있는 생활환경은 유대인에게 언어감각을 선물했다.

비즈니스를 하거나 미국 사회 중심으로 접근하려면 언어 실력이 무엇보다 중요하다. 내가 가장 좋아하는 철학자 비트겐슈타인은 "내 언어의 한계는 내 세계의 한계다"라고 말했다. 그는 어마어마한 재산상속을 포기하고 철학의 길을 걸었다. 열등감에 사로잡혔던 유년기를 철학으로 극복한 그의 세계는 우리가 이해하기조차 힘든 언어로 표현될 만큼 깊고도 넓다. 비트겐슈타인이 말하는 언어는 단순한 외국어가 아닐 것이다. 하지만 그 철학적인 언어와 사고를 위해서 더 많은 언어, 다국어를 할 수 있는 점은 내 세계를 넓혀가는 데 큰 강점이 된다. 더 많은 문화를 이해하고 경험하며 깨닫는 가르침이 내 세계를 넓히는 것이다.

외국어 실력은 사회생활을 하는 데 큰 경쟁력이다. 아무리 똑똑해도 그 나라 언어로 소통하지 못하면 사람은 위축되기 쉽다. 반면 유대인들이 각 분야에서 두각을 나타내는 데 다국어는 큰 도움이 되었다. 다국어, 그것은 세계 각지를 떠돌며 이민생활을 해야 했던 유대인의 디아스포라 문화가 남긴 최고의 선물인 것이다.

#03   유대인 부모의
        최우선 순위

무엇보다 교육이다

　세계 최초로 의무교육 제도를 도입해 경제적 여건이 허락되지 않는 사람들에게까지 교육의 혜택을 준 민족이 바로 유대인이다. 교육을 최우선 가치로 여기는 전통은 현재까지 이어지고 있다. 이스라엘 건국 후 3~18세 이스라엘 사람이면 누구나 의무교육을 받도록 하는 무료교육 시스템이 운영되고 있다. 해외에 거주하는 유대인들을 위해서는 세계 각지에 위치한 시나고그가 교육기관의 역할을 하고 있다.

러시아 붕괴 후 이주의 자유가 생긴 유대인들이 대거 미국으로 들어왔다. 그들 대부분은 뉴욕과 샌프란시스코 베이 지역에 정착했다. 그 가운데 샌프란시스코 베이 근처에 정착한 대다수의 러시아 출신 유대인들이 현재 실리콘밸리를 탄생시켰다 해도 과언이 아니다. 구글, 페이스북 등 IT 산업의 천국이 된 실리콘밸리를 이끄는 유대인 2~3세들 대다수가 러시아 출신 유대인임이 이를 방증한다.

그들의 부모는 대부분 의사나 엔지니어 박사들이 많았다. 부모의 높은 교육열은 자연스럽게 수많은 과학자를 배출해냈다. 유대인 친구 레니도 실리콘밸리에서 성장한 러시아 출신 유대인이다. 수학과 박사과정을 마치고 메케나대학교 수학과 교수로 있다. 그의 부인인 이비게이나 역시 할아버지부터 수학자 집안인 러시아 출신 유대인이다.

유대인 부모에게 아이 교육은 그 무엇보다 우선순위가 된다. 특히 유대인이 어린 시절 집중하는 창의성 교육은 학년이 올라갈수록 큰 성과와 차이를 보인다. 또한 유대인식 교육의 큰 특징은 개인의 개성과 능력을 존중한다는 것이다. 아이의 능력과 관심 분야에 따라 긱기 다른 교육을 한다. 그리고 이 개성의 존중은 더 많은 아이에게서 가능성을 찾아내고 많은 리더를 길러낸다.

유대 격언에 '현인은 없으나 현명하게 공부하는 사람은 있다'라는 말이 있다. 유대인에게 있어 배움은 평생토록 이어진다. 유대인 부모들은 아이들이 초등학생이 되면서부터 선데이스쿨에 보내기 시작한다. 선데이스쿨에서는 히브리어와《토라》를 바탕으로 다양한 지식과 지혜를 배운다. 그리고 부모가 되어서도, 조부모가 되어서도 끊임없이 책을 읽고 공부한다.

유대인들은 사교육을 하지 않고 가정에서 모든 교육을 한다고 생각하는 사람이 많다. 하지만 유대인들도 사교육을 한다. 특히 요즘 이스라엘의 사교육은 한국 못지않다. 어릴 때는 창의성에 집중하는 음악, 미술부터 시작해 커서는 뒤처진 과목이나 관심이 많은 것을 따로 과외를 받거나 방과 후 수업에 참여시킨다. 미국 대부분 학교의 각 학급 상위권에는 어김없이 유대인 아이들이 차지하고 있다. 유대인 엄마들의 학교생활에 관한 관심은 한국 부모들 못지않다.

미국 내 교육열이 강한 동양 엄마를 뜻하는 '타이거 맘'이 있지만, 그에 뒤지지 않는 '유대인 맘'이라는 단어도 있다. 가혹하게 아이들을 공부시키는 동양 엄마를 뜻하는 타이거 맘 못지않게 유대인 맘의 치맛바람 또한 거세다.

하지만 두 그룹의 특징은 확연히 다르다. 유대인 부모들은 무턱대고 공부를 강요하지 않는다. 아이가 더 재미있게, 더 많은 것을 경험하고 공부할 수 있도록 일상생활에서 다양한 환경을 조성한다. 여기저기 배울 수 있는 것들로 가득 채우기 위해 유대인 부모는 끊임없이 노력한다. 또한 유대인은 사교육과 학교 공부에 열을 올리지만 가정교육을 소홀히 하지 않는다. 인성이 바로잡혀야 제대로 배울 수 있고, 결국 올바른 성인으로 성장할 수 있다고 믿기 때문이다.

집안의 든든한 기둥, 아빠

유학생인 준우 아빠는 어느 날은 기분이 좋다가 어느 날은 기분이 끝없이 추락할 때가 있다. 늦은 나이에 박사 공부를 하다 보니 남들보다 2~3배 노력하지만, 앞을 뚜렷하게 내다볼 수 없는 불확실한 미래가 가끔은 기분을 우울하게 하는 것 같다.

가장의 흔들림은 가정에 악영향을 준다. 유대인 친구 이비게니아와 아침 운동을 할 때의 일이다. 다른 날보다 우울해보이는 나에게 이비게니아는 걱정스러운 듯 안부를 물었다. 나는 지난밤 스트레스로 힘들어 하는 준우 아빠의 이야기를 했다.

이비게니아는 남편 레니를 수학과 박사과정에서 만났다며 얘기를 꺼냈다. 대대로 수학자 집안에서 성장한 이비게니아는 수학과 박사과정을 마치지 않고 직장생활을 시작했다. 레니가 박사과정에 있거나, 교수로 자리 잡기 전까지 스트레스가 많았다고 한다. 심지어 지금도 레니는 새로운 연구를 시작하면 큰 스트레스를 받을 때가 많다며 부인으로서 본인의 경험담을 말했다. 남편이 흔들릴 때마다 그녀는 함께 동굴 안으로 숨어든 동물처럼 마음이 움츠러들었다고 한다. 그런 그녀에게 어느 날 레니가 이렇게 말했다고 한다.

"내가 겪는 고난의 거친 파도는 내가 감당할 일이지. 그 파도에 절대 휩쓸려 가지는 않을 테니 옆에서 걱정만 하지 말고 아내로서 든든한 버팀목이 되어줘!"

이 말을 나에게 전하며 이비게니아는 이렇게 덧붙였다.

"남편이 겪어나가야 할 파도에 너마저 휩쓸릴 필요는 없어. 옆에 있는 아내가 불안해하면 스트레스 받는 남편에게 전혀 도움될 게 없거든. 아내는 남편이 우울하거나 고난을 겪을 때 옆에서 든든한 버팀목이 되어 주는 거야!"

히브리어로 아버지는 '아바Abba'라고 한다. 성경 안에서 이 단어는 4가지 뜻이 있다. 공급자, 보호자, 인도자, 교육자이다. 유대인 아버지는 이 가운데 교육자의 역할을 중요하게 생각한다. 내 아이의 교육을 학교 선생님, 과외 선생님, 엄마에게 떠넘기지 않는다. 어린 아이들은 아버지로부터 배우는 가르침이 가장 중요하다 믿기 때문이다.

유대인 아버지의 권위는 절대적이다. "아빠가 들어오시니 어서 인사드려라!" 아빠는 강하고 위대하다는 인식을 아이들은 엄마를 통해 배운다. 친구처럼 온화하지만 동시에 권위가 서 있는 아빠는 가정의 든든한 버팀목이 된다. 따라서 유대인들은 아빠가 설 자리를 확실히 해둔다. 퇴근하고 돌아오는 아빠의 스케줄에 맞춰 아이들의 숙제, 샤워 등 해야 할 일을 마치고 아빠를 맞이하도록 준비시킨다. 일에 지쳐 돌아오는 아빠에게 사랑과 존경심을 반복해 주지시킨다. '유대인 아빠들은 집에 일찍 들어올 맛이 나겠다'고 종종 생각하곤 했다. 유대인에게는 아빠만 앉을 수 있는 의자가 있을 정도로 아빠의 권위를 존중한다. 식사할 때 아빠가 주로 앉는 자리에는 아이들이 앉지 못하게 한다.

아빠는 아이들과 대화하고 책을 읽어 주며 일과를 마무리한다. 아이들은 아빠의 존재를 롤모델로 삼게 되고 실제로 아이 성장에 큰 영향을 미친다. 유대인 아빠들은 주말이면 아이들과 스포츠를 관람하거나 좋아하는 스포츠를 함께 즐기기도 한다.

한국은 부계 중심의 사회이다. 하지만 그 모습이 많이 변하고 있다. 또한 아빠와 자녀들이 대화를 하거나 함께 보내는 시간은 점점 줄어들고 있다. 한 조사결과에 따르면, 한국의 아빠가 자녀들과 함께 보내는 시간은 하루 평균 15~30분에 불과하다.

아빠의 단단히 세워진 기둥 같은 존재는 아이들에게 신뢰와 안정된 정서를 심어 준다. 아이들은 아빠의 높은 권위를 통해 안정된 미래를 찾는 것이다.

가정의 화목을 결정짓는, 엄마

유대인에게 있어서 엄마라는 존재는 아주 중요하다. 엄마가 유대인이면 자녀들도 유대인이다. 하지만 아빠가 유대인이고 엄마가 유대인이 아니라면 자녀는 유대인이 아니다. 엄마가 자녀들을 양육하며 미래를 결정짓는 중요한 역할을 하기 때문이다.

실제로 유대인 엄마들은 세계적으로 각 분야의 많은 위인을 길러냈다. 정신분석학의 창시자 지그문트 프로이드는 "내가 위대한 인물이 될 수 있었던 것은 엄마가 나를 믿어주었기 때문"이라고 말했다. 남편은 집안의 엄마인 아내를 아끼고 존중해야 한다. 이는 오랜 역사 속에서 이어져 온 유대인의 중요한 가치이다.

가끔 유대인 친구들을 보면 지나치다 싶을 만큼 아내를 위하는 남편의 모습을 볼 수 있다. 이러한 문화는 결혼하면서부터 시작된다. 유대인은 결혼식을 올리며 유대 율법에 따라 부부간 계약을 맺는다. 케투바Katubah라고 불리는 결혼 서약서에 적은 계약 내용은 대부분 아내를 위한 것으로, 남편이 아내를 지키고 사랑해야 하며 재산 대부분이 아내의 것이라고 쓰여 있다.

준우가 유대인 유치원에 다닌 지 1년쯤 지났을 때의 일이다. 같은 반 친구인 잭의 가족이 우리 가족을 안식일 저녁식사에 초대했다. 잭의 할머니, 할아버지를 포함한 온 가족은 할라와 포도주 그리고 유대인이 먹는 음식인 코셔로 차려진 식탁 앞에 섰다. 안식일은 가장인 잭 아빠의 주도로 진행되었다. 그 첫 순서는 잭의 아빠가 부인을 위해 부르는 아름다운 노래로 시작되었다. 노래는 "당신이 입을 열면 지혜의 말이 나온다. 당신은 부드러운 힘을 지니고 있다"라는 아내를 위한 아름다운 가사였다. 안식일 저녁을 준비해 준 아내를 위해, 그리고 한 주 동안 가족의 평안을 위해 열심히 일한 아내를 위해 진심으로 노래하고 감사의 마음을 담아 축복의 기도를 했다. 유대인들은 아주 어릴 때부터 여성을 아끼고 존중하는 것이 중요하다고 가르친다.

"하나님이 최초의 여자를 남자의 머리로 만들지 않았던 이유는 남자를 지배해서는 안 되기 때문이다. 그리고 발로 만들지 않았던 것도 남자의 노예가 되어서는 안 되기 때문이다. 갈비뼈로 만든 것은 여자가 언제나 그의 마음 가까이에 있을 수 있도록 하기 위해서다."

– 《탈무드》

이렇게 유대인들은 매주 금요일 부모가 직접 아이들에게 '아내'와 '엄마'에 대한 사랑과 존중을 몸소 가르치고 있다는 것을 깨달았다. 이렇게 자연스럽게 배운 아내, 엄마에 대한 존경심은 아이들이 올바른 여성관을 갖는 중요한 역할을 한다. 또한 올바른 여성관은 아이들이 앞으로 올바른 결혼생활을 하고 행복한 가정을 이루는 뿌리가 된다.

안식일의 시작을 지켜보며 잠시 생각에 잠긴 나는 잭의 할아버지, 할머니도 아주 오래 전 오늘과 비슷한 안식일을 잭 아빠와 함께하고 있었으리라 상상할 수 있었다. 이렇게 어릴 때부터 부모를 보고 온몸으로 느끼고 배운 잭의 아빠는 한 가정의 가장이 된 지금, 자신의 아버지가 했던 것을 자신의 아이들 앞에서 몸소 실천하고 있다. 그리고 이 순간은 잭이 성장하여 한 가정의 가장이 되었을 때 기억할 '가족의 의미'가 되는 것이리라.

가정교육의 핵심은 화목한 부부관계이다. 자주 싸우는 부모 밑에서 아이가 밝게 웃으며 성장하기는 어렵다. 부모가 서로 아끼고 존중할 때 집안의 중심은 단단히 잡힌다. 유대인에게 가정의 안정과 화목은 그 무엇보다 중요한 가치이다.

#04 헌신과
희생 사이

유대인 부모가 자녀를 키우는 방식을 설명하는 유명한 일화가 있다. 부모가 계단 밑에 서서 아이에게 부모를 믿고 뛰어내리도록 한다. 첫 번째 칸에서 두려움을 겪던 아이는 두 번째, 세 번째 칸을 반복하며 부모를 믿고 힘껏 뛰어내린다. 네 번째 칸에 올라섰을 때, 힘껏 뛰어내린 아이를 부모는 잡아 주지 않는다. 그리고 이렇게 말한다.

"니 자신을 제외한 그 누구도 믿어서는 안 된다. 그것이 부모일지라도 말이다."

이 일화는 '남에게 의존하지 말고 스스로 살아가렴. 인생의 근본적인 주인은 나 스스로이다. 부모는 그 옆에서 사랑으로 도와주는 스승일 뿐이다!'라는 가르침을 담고 있다. 유대인 부모는 아이에게 인생을 살아가는 깨달음을 주기 위해 헌신을 아끼지 않는다.

그것은 자신의 인생을 희생하는 것과는 다르다. 헌신과 희생은 차이가 있다. 이 두 단어의 사전적 정의를 살펴보면, 헌신은 '몸과 마음을 바쳐 힘을 다하다', 즉 자녀를 위해 부모가 힘을 다하는 것이다. 희생은 '다른 사람을 위해 자신의 목숨, 재산, 명예, 이익 따위를 바치거나 버린다', 즉 자녀를 위해 부모의 모든 것을 바치고 버린다는 것이다.

우리나라 부모는 헌신을 넘어서 자신의 인생 전체를 희생하는 경우가 많다. 넉넉하지 못한 형편에도 자녀를 위해서라면 어떠한 희생이라도 감내한다. 아이들 학비를 대주지 못하거나 전세 자금이라도 도와주지 못하면 죄책감에 시달리기도 한다. 무리하게 빚을 내서라도 학원을 보내고 고액 과외를 시킨다. 부모의 어깨에는 비밀의 짐이 짊어져 있다. 돈 걱정, 자녀 걱정, 부모 걱정, 나라 걱정 등 온갖 고민을 안고 살아간다. 남 모를 고민과 어깨 한가득 짊어진 짐은 누구와도 나누지 않는다. 자녀와 상의하지도 도움을 바랄 수도 없다. 혼자 감내하며 고통 속 길을 묵묵히 걸어야 한다. 부모의 희생은 여기서 끝나지 않는다. 맞벌이하는 자녀들을 대신해 육아를 책임지는 할아버지, 할머니들은 '황혼 육아'에 관절 성할 날이 없다. 이러한 부모의 사랑은 헌신보다는 자신의 인생을 바치는 희생에 가깝다.

헌신과 희생의 차이

한국은 유대인 못지않은 고난의 역사를 간직하고 있다. 불모지였던 한국경제는 단기간 눈부시게 발전했다. 분단과 전쟁의 역사를 참아내고 후손을 위해 피땀 흘린 우리 조부모 세대. 콩 한쪽도 나눠 먹던 시절, 경제성장의 일등공신은 우리 부모 세대다. 그리고 그 경제성장의 혜택을 누리는 우리 젊은 세대와 아이들. 이렇게 다른 세대가 한데 어울려 새로운 시대의 역사를 써나가고 있다. 부모와 조부모 세대의 피눈물 나는 노력은 후손을 위한 헌신보다는 희생에 가깝다. 그리고 그 희생은 현재 우리가 누리는 경제, 문화를 선물해 주었고, 우리 미래를 약속해 준 밑거름이 되었다. 하지만 우리는 세대 간 소통에 실패했다. 소통하지 못하는 세대는 서로를 이해하지 못하고 서로를 배려하지 못한다.

아이들을 위해 한평생 희생만 한 부모과 조부모는 새로운 세대로부디 김사함은커녕 삽갑하다는 소리를 듣는다. 무엇이 이렇게 세대 간 괴리감을 만들었을까? 명절에 온 가족이 한 장소에 모여 있지만, 제각기 다른 세대는 서로 이해하지도 인정받지도 못한다. 한 평생 자녀를 위해 희생한 부모는 그 가치를 인정받지 못하고 잊혀 지고 만다.

우리나라 가족 간에 자주하는 표현이 있다. 잘 살펴보면 우리의 일방적인 소통 방법이 여실이 드러난다.

"아이 교육을 어떻게 하는 거야!" 이 말은 아이를 부모나 어른의 소유로 여기는 것이며 원하는 대로 가르쳐야 한다는 의미를 내포하고 있다.

"어린애가 어른 말에 참견하니!"라는 말은 어른과 아이 간의 대화는 불가능하다는 전제에서 시작된다. 또한 상하관계와 계급이 작용되어 어른과 아이 간 소통이 어려운 사이임을 방증하는 표현이기도 하다.

이렇게 세대 간 대화하는 법을 알지 못하는 우리 어른들은 아이의 눈높이에 맞춰서 대화하는 법을 알지 못한다. 그리고 아이 또한 어른과 어떻게 대화해야 하는지 알지 못한 채 버릇없는 아이라는 의문의 1패를 당한다.

유대인 아이들은 부모나 조부모와 대화하는 모습이 마치 친구와도 같다. 물론 아이들이 버릇없는 표현을 사용하지 않아야 한다는 것, 어른을 공경해야 한다는 사람 됨됨이는 기본으로 가르친다.

데론은 유대인 대학살에서 살아남은 할아버지를 떠올리며 눈시울을 붉힌다. 그의 할아버지가 고난 가운데 깨달은 한 마디 한 마디 주옥같은 가르침이 얼마나 가치 있는지 손자인 데론은 잘 알고 있다. 그 가르침을 가슴 깊숙이 담아두고 아들 리아드에게 전한다. 유대인 부모들은 세대 간 소통의 중요한 다리 역할을 한다. 그 부모와 조부모 세대의 헌신의 가치를 가슴 깊이 새기고 후손에게 전하는 것이다.

대물림되는 헌신

카밀은 변호사로 일하면서 첫 월급으로 부모님께 값비싼 선물을 사 들고 집에 찾아갔다. 어려운 집안 환경에 식당을 운영하며 로스쿨까지 학비를 충당해 준 부모님께 감사의 표현을 하고 싶었다고 한다. 하지만 카밀의 엄마는 값비싼 선물을 당장 가서 환불하라고 야단쳤다.

"네가 나에게 느끼는 감사한 마음을 나중에 네 아이에게 보답하며 잘해주렴. 나의 부모님도 나에게 똑같은 말씀을 늘 하셨단다."

유대인에게 있어서 부모에 대한 효도는 중요한 덕목이다. 십계명 안에 '네 부모를 공경하라'는 가르침이 있다. 하지만 한국인과 유대인의 '효'는 개념 자체가 다르다. 한국인에게 효는 일평생 자녀를 위해 희생한 부모가 있다. 나를 위해 희생을 아끼지 않은 우리 부모님의 감사함을 아무리 표현해도 부족하기만 하다. 직장에 들어간 후 받은 월급으로 좋은 선물을 사다 드리지만 어떻게 선물 하나로 감사한 마음을 다 표현하겠는가? 더 좋은 선물을 사 드려도 부족하기만 하다. 부모는 자녀가 좋은 대학에 가고 직장에 다니는 모습이 뿌듯하기만 하다. 내 한평생 희생의 대가로 부족함이 없다 여긴다. 지인들에게 자녀 자랑으로 시간 가는 줄 모른다.

하지만 내 유대인 친구들이 생각하는 효는 이와 다른 모습이다. 부모에게 받은 사랑과 감사함을 새로운 세대에게 베푼다. '부모에게 되갚아야 한다'라는 인식보다 '내가 부모님께 받은 사랑을 내 자녀에게 베풀어 더 나은 미래를 만들기 위해 노력한다'라는 개념을 갖는다. 그만큼 유대인 부모 또한 그들의 부모에게 그렇게 교육받았기에 자녀들에게 바라는 것이 없다.

부모는 자녀에게 헌신한다는 것이 유대인 부모의 공통된 인식이다. 하지만 내 자녀가 가정을 이루게 되면 이제는 부모로서 그들의 아이들을 위해서 헌신할 차례라는 것을 잘 이해하고 있다. 이렇게 유대인이 말하는 효는 부모의 헌신을 되돌려 받는 것이 아니라 세대를 거쳐 대물림되는 것이다.

#05 희생되지 않는
엄마의 시간

준우의 유대인 유치원 같은 반에는 총 12명의 아이가 있다. 그중 나를 포함한 2명의 엄마를 제외하면 모두 워킹맘이다. 유독 유대인 가족 중에는 맞벌이를 하는 경우가 많았다. 준우의 유치원 친구들은 대부분 경제적으로 여유로운 유대인 아이들이다. 그런 집 엄마들은 집에서 집안일을 하고 아이 교육에만 집중할 것 같은 내 예상과는 달리 상당수 엄마들이 직장생활을 하고 있었다.

매들린 올브라이트 전 국무부 장관은 대표적으로 일하는 유대인 엄마이다. 가사와 육아에 몰두하던 이 평범한 여성은 나이 40세가 되어서 새로운 공부를 시작해 미국 최초 여성 국무장관이라는 명예를 거머쥐었다. 아이가 생기면 대부분의 여성들은 직장을 계속 다닐지 말지 고민하게 된다. 하지만 유대인 엄마들은 2~3개월된 신생아를 아침 7시부터 데이케어Daycare(어린이집)에 맡기고 직장에 나간다. 처음에는 이런 모습이 차갑고 비인간적으로 느껴졌다. 하지만 유대인 엄마들은 그 누구보다 아이를 아끼고 교육에 힘쓴다. 그렇다면 바쁜 워킹맘이 어떻게 아이를 교육시키는 것일까?

미국의 유대인 엄마들 상당수가 파트타임(시간제), 혹은 집에서 일하는 경우가 많다. 아이가 어릴 때는 집에서 일하다가 아이가 성장하여 고학년이 되면 엄마도 풀타임(정규직) 직장으로 돌아가는 경우가 많다. 변호사, 마케팅, 회계 등 일반 큰 조직에서 다루는 모든 업무가 파트타임(시간제)이나 집에서 일하는 것이 가능하다.

우리 옆집에 사는 줄리는 디즈니Walt Disneyland 소속 직원이지만 집에서 일한다. 집에 컴퓨터와 전화기만 있으면 무슨 일이든 가능하다고 말한다. 일주일에 한두 번만 사무실에 나가서 미팅과 업무 진행 상황을 점검한다. 이렇게 업무환경을 효율적으로 운영해 많은 여성들이 일할 기회가 창출되는 것이다.

마지막으로 유대인뿐 아니라 미국 대부분의 맞벌이 부부들은 경제적 역할과 가사를 효율적으로 분담한다. 아이 교육도 엄마에게만 강요되지 않는다. 더 많은 엄마들이 일할 수 있는 기회가 생기는 것은 효율적인 사회, 효율적인 직장 구조에서라면 더욱 현실 가능한 일이다.

직장을 그만두고 육아에 전념하는 유내인 엄마도 무작정 본인의 시간을 아이를 위해서만 희생하지 않는다. 준우는 가끔 나에게 태블릿으로 게임하는 것을 옆에서 지켜봐달라고 한다. 관심 없는 눈으로 게임을 보고 있는 나에게 유대인 친구 스테파니는 이렇게 말했다.

"너는 그 게임이 좋아서 보고 있는 거니?"

"아니, 그런데 준우가 내가 보고 있는 것을 좋아해."

"너는 어떤데? 네가 싫어하는 것을 희생하며 시간을 낭비하는 것보다 너도 좋아하고 준우도 좋아하는 것을 찾아 봐. 아무리 부모라 해도 싫어하는 것을 의미 없이 하면서 희생하는 것은 좋은 태도가 아니야. 영혼 없는 눈으로 멍하니 앉아 있는 엄마의 모습은 준우에게도 좋은 일이 아니고 말이야."

"엄마, 나 지루해!"라고 소리치는 아이들이 많다. 그러면 엄마는 '레고 할래? 이 게임 할래?' 이것저것 재미있는 거리를 찾아준다. 계속 지루하다는 아이를 보며 엄마가 재미있게 놀아주지 못하는 것 같아서 미안한 마음마저 든다. 하지만 스테파니는 이렇게 말한다.

"아이들에게 지루한 시간은 꼭 필요해. 가끔 지루한 것도 좋다고 일러줘야 한다고."

아이들이 지루해하면 바로 놀 거리를 찾아주지 말고 스스로 지루함을 극복하는 법을 찾아내도록 하라는 것이다. 너무 지루한 아이는 스스로 놀 거리를 찾고 재미있는 거리를 찾아낸다. 이렇게 생각을 바꾸면 아이 스스로 할 수 있는 '독립성'과 주변의 도구를 이용한 '창의적인 놀이'가 동시에 성취된다. 그리고 엄마는 엄마 나름대로 아이를 졸졸 쫓아다니지 않아도 되니 일거양득이다.

생후 18개월된 준우를 데리고 남편과 오랜만에 호텔 뷔페에 간 적이 있다. 들어간 지 10분 만에 소리치며 우는 준우를 끌고 나왔던 기억이 생생하다. 돈은 돈대로, 시간은 시간대로 제값을 하지 못했다. 유대인 친구들은 4세 이전에는 웬만하면 아이를 데리고 외식을 하지 않는다. 어린 아이들은 외식하는 즐거움을 느끼기 어렵다. 게다가 아기 뒤치다꺼리에 엄마는 밥이 코로 들어가는지 입으로 들어가는지 모를 지경이다. 큰 소리로 떼를 쓰거나 우는 어린 아이들로 인해 식당 안 다른 사람들에게 피해를 주기도 한다. 파티나 모임 등 어른이 즐기는 자리는 웬만하면 베이비시터나 부모님께 아이를 맡겨두고 나간다. 그러면 어른들만의 즐거운 시간을 즐길 수 있다. 베이비시터나 부모에게 맡길 형편이 되지 않는다면 파티나 모임에 아예 참석하지 않는 편이 낫다. 아이는 아이대로 힘들고 부모는 부모대로 최악의 경험이 될 수 있기 때문이다.

미국도 한국처럼 또래 갓난아기를 둔 부모들끼리 모여 함께 시간을 보내고 정보를 공유한다. 캘리포니아 주 각 시에서 운영하는 다양한 프로그램 중 '마미 앤 미Mommy and Me'는 출산을 하고 비슷한 또래의 아기를 둔 엄마들이 소그룹으로 주기적으로 만나는 모임이다. 엄마들끼리 고충을 나누고 도움을 주고받기도 한다. 유모차를 끌고 나와 주로 공원에서 1시간 정도 담소를 나눈다. 아이들의 낮잠시간과 식사시간을 규칙적으로 지키기 위해서 만남을 짧게 마치는 것이다.

반복되는 희생은 엄마를 불행하게 만든다. 엄마의 불행은 집안 전체의 불행으로 이어진다. 엄마는 집안 분위기를 결정짓는 중심에 있기 때문이다. 반대로 스스로 만족감이 높고 행복한 엄마는 안정적인 집안 환경을 만든다. 가족과 사회, 국가와 개인 모두가 행복하고 효율적으로 공생할 수 있는 핵심은 희생되지 않는 엄마의 시간이다.

#06 망설임 없는 훈육

준우가 초등학교 1학년 시절, 같은 반 남자아이들끼리 사소한 다툼이 있었다. 점심시간에 서로 그네를 타고 싶은 아이들이 말다툼하다가, 지노라는 아이가 다른 아이 몇 명을 밀치며 싸움이 시작되었다. 학교 교직원들은 이 일을 아주 큰일로 받아들였다. 지노의 부모에게 연락하여 교장선생님과 면담을 하고, 지노에게 사과의 편지를 쓰게 했다.

나는 이 일을 바로 옆에서 지켜보며 함께 보조교사로 일하던 같은 반 엄마 미셸에게 이렇게 말했다.

"아직 다섯 살밖에 되지 않은 어린 아이들이 놀다 보면 싸울 수도 있지. 너무 예민하게 학교에서 반응하는 것 같지 않아?"

미셸은 차분하게 답했다.

"지노는 지금 다섯 살이지만 저 아이가 이 순간 제대로 훈육받지 못하고 스무 살이 되면 교장선생님과의 면담으로 끝나지 않겠지. 감옥에 가야 할 수도 있을 테니 말이야. 싸울 때 분노를 조절하는 방법을 가르치는 것도 중요하지만, 특히 다른 사람을 때리거나 밀칠 수 있다는 것은 상식을 넘어 선 행동이고 이 사회에서 그 행동은 절대 용납받을 수 없다는 것을 지금 똑똑히 배우는 게 낫지 않겠어?"

그 이후로 지노의 장난기는 점점 심해져 갔고, 학교는 결국 지노에게 자폐증 판정을 내려 전문가의 도움을 받게 했다.

미국 사회는 원칙과 질서를 정확하게 그려 놓고 아이들에게 엄격하게 교육한다. 자유롭게 표현하고 개성을 중시하는 유대인에게 있어 어려운 일이 아닐 수 없다. 실제로 공교육을 막 시작한 유대인 아이들이 어려움을 겪는 경우를 종종 볼 수 있다. 하지만 유대인 부모는 '사회의 질서를 배워야 한다'고 가르친다. 아이가 크면서 더 큰 벽에 부딪힐 텐데 이 정도는 받아들이고 배워나가야 한다며 아이를 격려하는 것이다. 처음에 어려움을 겪던 아이들도 점차 학교생활의 규칙을 이해하고 자연스럽게 원칙을 받아들인다.

유대인 부모들은 아이에게 기다릴 줄 아는 법을 가르친다. 공공장소에서 울고불고 떼쓰는 아이들에게 놀이터에서 다른 아이들과 어울려 노는 규칙을 알려준다. 미끄럼틀, 그네를 타기 위해 기다리는 법을 모르는 아이는 공공의 적이 되고 만다.

또한 해서는 안 되는 원칙을 가르치는 과정은 매우 중요하다. 원칙 없는 관용은 아이를 흔들리게 하고 불안하게 하기 때문이다. 아이가 반찬 투정을 하거나 식사시간에 밥을 먹지 않는 경우 밥그릇 들고 쫓아다니던 내 모습과 달리, 유대인 친구들은 안 먹고 장난치는 아이는 단호하게 굶긴다. 원칙과 규칙을 따르게 하는 것이다.

주변의 유대인 부모들은 기다릴 줄 아는 부모의 역할을 중요하게 생각한다. 그리고 기다릴 줄 알아야 한다는 깨달음을 아이에게도 가르친다. 이러한 목적에서 시작하는 부모는 아이를 훈육할 때에 흔들림이 없다. 유대인 친구들은 신생아에게도 눈을 마주치며 이야기한다. "배가 고프지만 조금 기다려야 해!"

유대인 부모들은 훈육을 해야 한다고 마음먹으면 망설이지 않는다. 때에 따라서는 체벌을 가하기도 한다. 아이가 잘못한 행동이 있는데도 제멋대로 하도록 내버려 두면 부모의 책임을 다하지 못한다고 생각하기 때문이다. 이는 곧 자녀를 사랑하지 않는 것과 같은 의미로 여긴다.

부모는 원칙과 규칙의 울타리를 마련해야 한다. 그리고 그 울타리를 넘어서는 행동은 엄격하게 자제시킨다. 우리는 종종 '아직 철이 없는 어린 아이이니 크면 나아지겠지' 생각하지만 유대인 엄마들은 훈육에서 지금 이때가 아니면 이미 늦었다고 생각한다. 나무에 가지를 제때 쳐주지 않으면 나무는 제대로 클 수 없듯 말이다.

현명한 훈육법을 찾는 지혜

아이를 양육하며 가장 어려운 과제가 바로 언제 용서해야 하고, 언제 훈육해야 하는지 결정하는 것이다. 어디까지 용납해야 하며, 언제 엄하게 훈육해야 하는지 판단이 서지 않을 때가 있다. 아이들을 훈육하는 방법을 선택할 때도 부모들은 많은 고민을 한다. 아이마다 성향이 다르기 때문이기도 하며, 잘못한 일의 경중에 따라 가볍게 넘어갈 일, 크게 야단쳐야 할 일을 구분해야 하기 때문에 더욱 그렇다.

준우가 친구 리아드와 자전거를 타고 공원에 가기로 한 날이었다. 리아드는 준우와 자전거를 바꿔 타야지만 공원에 가겠다며 고집을 부렸다. 엄마 리모어는 아들 리아드를 단호하게 훈육하다가 말을 듣지 않자 마지막 경고를 했다.

"네가 계속 억지를 부리면 오늘은 함께 공원에 갈 수 없겠구나!"

결국, 리아드가 엄마의 마지막 경고를 듣지 않자 리모어는 가차 없이 대문을 닫아버렸다.

유대인 친구들은 아이들이 남에게 피해를 주는 일을 하거나 위험한 행동을 할 때, 혹은 규범에 어긋나는 일을 할 때가 바로 훈육이 필요한 때라고 말한다. 많은 부모는 엄하게 꾸짖어야 할 때 너그러운 마음으로 이해하며 쩔쩔매거나, 별일 아닌 일에 화를 내기도 한다. 그러면 돌아서서 후회한다. 다시 제대로 교육해야 할 시기에 말도 안 되는 이해심을 발휘하면, 그때부터 아이는 버릇이 없어진다.

내 유대인 친구들은 훈육하고자 결심했다면 가혹하리만큼 엄격하고 단호한 태도로 혼낸다. 버릇없는 것, 남에게 피해 가는 것, 위험한 행동에 관용이란 없다. 무엇을 얼마나 잘못했는지 사실을 가감 없이 설명해 준다. 아이가 큰 잘못을 한 게 아니라면 아예 훈육하지 않는 편이 낫다. 하지만 아이의 행동에 문제가 있고 변화가 필요하다면 부모는 그 순간 큰 결심을 할 필요가 있다.

부모가 아이를 훈육할 때에는 말을 조심해야 한다. '반드시 마음으로 혀를 조종해야 한다. 혀로 마음을 조종해서는 안 된다'라는 유대 격언이 있다. 유대인 부모들은 아이를 꾸짖을 때 감정을 섞어 비난을 퍼붓지 않는다. 실제로 아이를 훈육할 때 화가 난 부모는 짜증

섞인 추상적인 말들을 나열하여 감정싸움을 하는 경우가 있다. "아무 쓸모도 없는 녀석 같으니라고! 이런 바보 같은 짓을 했니? 너는 왜 이리 생각이 짧니?" 부모와의 감정싸움에 아이들은 겁에 질려 안절부절 못하거나 반항심을 키우게 된다. 그리고 정작 본인이 무엇을 잘못했는지 잊게 된다. 불안감과 반항심만 키울 뿐 얻는 게 없는 것이다.

혼을 낼 때 화가 난 부모가 내뱉은 진심이 아닌 가혹한 말은 아이에게 생각보다 큰 상처가 된다. 아이는 정말 아무 쓸모도 없는 사람이 되고, 바보가 되고, 매사 생각이 짧은 아이로 성장할지 모른다. 부모의 말 한 마디 한 마디가 아이의 가슴에 그대로 비수처럼 꽂히기도 하며 성장에 직접적인 영향을 주기도 한다.

준우 유치원에서 유대 명절 행사가 있던 날의 일이다. 간식을 먹기 전 아이들이 손을 씻기 위해 줄을 섰다. 준우 앞으로 끼어든 친구 일라이를 보고 화가 난 준우는 얼굴이 울그락 불그락 했다. 앞에 끼어든 일라이를 내가 뭐라고 훈육해야 할지 몰라 고민하던 찰나에 옆에서 지켜보던 잭의 엄마 에이미가 일라이에게 다가갔다.

"일라이, 네가 뒤에 있는 준우를 보지 못했구나, 준우가 한참 전부터 먼저 와서 기다리고 있었단다. 뒤로 가서 네 차례를 기다리자!"

나라면 어떻게 말했을까. 따끔하게 충고한답시고 "왜 친구 앞으로 끼어드니?"라며 꾸중하지 않았을까 싶다.

보조교사로 봉사하다 보면 아이들을 훈육해야 하는 경우가 종종 발생한다. 가끔은 참기 어려울 만큼 화가 날 때도 있다. 하지만 내가 유대인 부모들로부터 발견한 것은 아이를 훈육할 때 절대 비난 섞인 말로 상처 주지 않는 것이었다. 훈육을 꼭 해야 할 때도 부정적인 표현보다는 긍정적인 표현을 쓰도록 노력하고, 될 수 있으면 재치 있고 너그러운 훈육으로 아이의 마음을 돌리려 애쓴다.

유대인 부모들이 훈육할 때 중요하게 생각하는 또 하나는 '일관성 있는 태도'이다. 아이가 같은 잘못을 해도 부모의 기분에 따라 크게 혼나는 경우가 많다. 기분이 나쁜 부모는 감정을 조절하지 못하고 소리를 지르거나 화를 내기도 한다. 내 유대인 친구들은 아이를 훈육하기 전, 화가 많이 나서 감정 억제가 되지 않을 때는 자리를 피해 감정을 먼저 가라앉히라고 조언한다. 감정이 섞이지 않는 훈육은 원칙이 있고 기준이 분명하다. 따라서 그때그때 달라지지 않는다. 때에 따라 달라지지 않는 원칙 있는 훈육은 부모에게 명확한 태도를 갖게 한다. 그리고 용서할 일은 명쾌하게 넘어간다.

유치원에서 어느 날, 낮잠에서 막 일어난 아이들은 몹시 기분이 좋지 않았다. 그 중에도 준우의 친구 콜의 컨디션이 유독 좋지 않던 모양이다. 콜의 엄마가 하원을 위해 교실에 도착했을 때의 일이다. 콜은 온갖 짜증을 부리며 엄마에게 칭얼거리다가 결국 선생님과 다른 학부모들이 보는 앞에서 엄마의 뺨을 때렸다. 콜은 지역에서 저명한 랍비의 아들이다. '끓어오르는 분노로 아들의 따귀를 되받아치지 않은 것만 해도 다행이다'라는 생각이 들었다.

"어떻게 사람들 앞에서 엄마 뺨을 때릴 수가 있지? 어떻게 나를 이렇게 망신시키고, 아빠 명성에 먹칠할 수 있지?" 나 같았으면 그렇게 말했을지도 모르겠다. 생각이 더해지면 솟구치는 화를 참기는 거의 불가능하다. 아이 잘못이 무엇인지를 떠나 부모 자신의 감정조절이 어려워진다. 참지 못한 화는 결국 아이에게 비난을 퍼붓게 되고 아이는 모욕적이고 자존심이 상하게 된다.

그러나 콜의 엄마 다니엘라는 전혀 감정에 동요되지 않았다. 콜의 두 손을 잡고 무엇을 잘못했는지, 왜 앞으로 다시는 그런 행동을 하지 말아야 하는지를 설명했다. 차분하고도 단호한 훈육이었다. 다니엘라는 아들 콜에게 대화와 설명을 통해 훈육했다. 감정에 동요되지 않은 일관성 있는 태도로 아이에게 옳고 그름을 판단하게 하고 설득시켜나갔다. 잘못된 행동이 있다면 아이의 태도를 좋은 에너지로 바꿔 주기 위해 부모의 훈육은 필요하다는 것을 실천으로 보여 주고 있었다.

유대인 부모들이 아이 훈육에 있어 중요하게 여기는 또 한 가지는 아이에게 맹목적인 복종을 바라지 않는다는 것이다. 원칙과 규칙을 정할 때는 부모가 일방적으로 정하지 않는다. 단, 위험하거나 남에게 피해가 가는 일, 규범에 어긋나는 일은 아이에게 대화로 이해시킨다. 규범을 어겼을 때의 대가는 어른이 되어 치르면 훨씬 무거운 것임을 설명해 준다. 유대인 부모는 아이를 훈육할 때에도 자신의 경험이나 실제 사례를 들어 차근차근 아이와 대화를 나눈다. 그리고 아이가 잘못을 뉘우치고 왜 되풀이하지 않아야 하는지 이해시키려 노력한다. 억압이 아닌 지혜를 전하고 스스로 반성할 수 있도록 하는 것이다.

아이의 행동이나 자세를 바꾸려면 부모가 먼저 변해야 한다. 별거 아닌 일에 과민반응하는 것은 아닌지, 혹시 내가 다른 일 때문에 난 짜증을 아이에게 푸는 것은 아닌지 내 감정을 먼저 다스려야 한다. 그런데도 아이의 잘못된 행동이 보인다면 그것을 꼭 변화시키기 위해 노력해야 하는 것이 부모의 역할이다. 아이를 도와주지 않으면 결국 큰 문제로 발전할 수 있기 때문이다. 아이를 훈육할 때 가장 중요한 것은 아이 기질에 맞고 일의 경중에 적절한 현명한 훈육 방법을 찾는 것이다.

#07 벌 주는 오른손,
         안아 주는 왼손

싸우는 것보다 중요한 것은 화해하는 법이다. 하물며 어린 자녀들을 따끔하게 훈육하고 나서 아이의 마음을 풀어 주는 것이 얼마나 중요하겠는가? 특히 아이가 잠자리에 들기 전까지 마음의 찌꺼기를 모두 없애 주는 것이 중요하다.

유대인 부모는 웬만하면 잠들기 전에는 꾸짖지 않는다. 하루 동안 안 좋은 일이 있었더라도 하루 일을 툴툴 털어버리고 행복하게 잠들게 하는 것이 중요하다.

'오른손으로 벌을 주고 왼손으로 껴안아라'라는 유대 격언이 있다. 훈육으로 위축된 아이의 마음을 부모가 포근히 안아 애정을 확인시켜 주는 것이 중요하다. 아이들은 부모의 사랑을 확인하며 '그래, 다시는 안 그래야지'라고 스스로 다짐한다.

"부모가 자식을 사랑하는 것은 당연한데 그걸 낯간지럽게 말로 표현해야 하나?"라고 생각하는 부모가 있을지 모르겠다. 하지만 아이들에게 부모의 사랑과 애정을 듬뿍 표현해 주는 것이 중요하다. 순간순간 확인받는 믿음과 사랑은 아이들이 올바른 태도를 갖고 올바른 길로 가는 데 큰 버팀목이 된다. 그 애정의 표현으로 포근히 '안아 주기'는 가장 효과적인 방법이다.

준우가 태어나고 병원에서 가장 먼저 한 것은 태어난 아기를 엄마가 포근히 안아 주는 거였다. 리모어는 포옹할 때 쑥스러워하는 준우에게 '제대로 껴안는 법'을 가르쳤다.

두 팔로 상대방을 힘껏 품으로 끌어당긴 후 마음속으로 10초를 세라는 것이다. 이렇게 힘껏 사랑을 표현하는 포옹은 친밀감과 애정 표현의 가장 확실한 방법이다.

유대인 부모는 심각하게 혼내다가도 풀어 줄 때면 그 마음을 홀홀 털 수 있도록 가볍게 마무리해 준다. 제대로 된 훈육을 했다면 아무 설명 없이 그냥 안아 주어도, 가벼운 농담으로 마무리하며 깔끔하게 털어버려도 아이들은 모든 것을 기억한다. 내가 오늘 무엇 때문에 혼났는지, 부모님이 내게 무엇을 가르쳤는지 말이다.

아이는 완벽하지 않다

많은 부모는 자신의 아이가 완벽하기를 꿈꾼다. 환경 특성상 준우는 미국 아이처럼 당당해야 하고, 유대인 아이처럼 말도 잘하고, 한국 아이처럼 예의 바르길 강요받는다. 부모도 할 수 없는 것을 아이에게 강요하고 있는 것이다.

부모도 완벽할 수 없는데 어떻게 아이가 완벽할 수 있겠는가? 완벽함은 부모의 바람, 허상이다.

그냥 내 아이가 다른 아이들처럼 평범하고 정상적이었으면 좋겠다. 비정상적이지만 않으면 안심이 되기도 한다. 그렇다면 비정상적인 아이는 어떤 아이일까?

밥을 제대로 먹지 않는 아이, 밤에 무섭다며 혼자 잠들지 못하는 아이, 자신감이 유독 부족한 아이, 반대로 말이 지나치게 많고 목소리가 큰 아이, 다른 아이를 괴롭히는 아이, 언제나 괴롭힘을 당해도 참기만 하는 아이, 공부를 많이 해도 성적이 올라가지 않는 아이 등 요즘 부모들이 생각하는 비정상적인 아이들은 이렇게 다양하다.

유대인 부모들이 한결같이 하는 말이 있다. "내 아이가 비정상적인지, 그래서 심각하게 생각해야 하는지 판단하는 핵심은 아이의 문제점이 다른 사람에게 피해를 주는지, 사회생활에 지장을 주는지, 학교 선생님이 문제 지적을 하는지 등을 생각해 봐야 한다"라는 것이다.

대부분은 아이가 정상적 성장 과정 중 겪게 되는 일들을 부모가 확대 해석한 경우가 많다. 대부분 부모는 스스로 할 수 없는 선까지 아이들에게 요구한다. 피곤하지 않은 아이에게 잠들기를 강요한다. 학교에서 오자마자 숙제부터 마쳐야 하고, 기분이 안 좋아도 짜증 내지 말고 밝게 이야기해 주길 강요한다.

이는 완벽함이나 정상적인 것과는 상관없는, 부모의 바람에 지나지 않는다는 것을 알아야 한다. 부모 자신도 하지 못했던 것, 할 수 없는 것을 아이에게 강요해서는 안 된다. 아이가 변하길 바라기 전에 부모 스스로 먼저 변해야 한다.

많은 교육학자와 심리학자들은 성장 과정의 아이들이 적당히 나쁜 행동을 하는 것은 정상적이라고 말한다. 적당히 나쁜 아이들에게 인내하는 법과, 나쁜 행동을 하는 에너지를 좋은 일에 쏟을 수 있도록 도와주는 것이 바로 부모의 역할이라는 것이다.

이것은 부모가 아이를 억압하거나 엄격하게 규칙을 만들어 명령하라는 것이 아니다. 우선 부모는 아이의 성향과 기질을 이해해 아이의 한계를 받아들이고 아이가 올바로 설 힘을 기를 수 있도록 든든한 버팀목이 되어야 한다는 것이다.

> 너의 엄마 아빠가 너를 골탕 먹인다.
> 아마도 그들이 의도한 것은 아니지만 말이다.
> 네 부모는 자신이 잘못했던 것들까지 너에게 채우고
> 없던 일도 보탠다. 바로 너를 위해서 말이다
>
> ─시인 필립 라킨

웃음이 나는 시다. 동시에 내포하고 있는 의미 때문에 많은 부모들을 반성하게 하기도 한다.

시의 내용처럼 우리 부모들은 의도하지 않았지만, 아이에게 하지 말아야 할 일을 하기도 한다. 부모의 오래 전 경험이나 다른 사람들에게 들었던 나쁜 사례들로 아이의 단순한 행동을 확대 해석하기도 한다.

〈우리 아이가 달라졌어요〉라는 TV 프로그램을 보고 나면 꼭 우리 아이 이야기 같다. 늘 하던 행동인데도 부모가 낀 색안경으로 갑자기 문제 있는 아이가 되기도 한다.

'천사 같은 완벽한 아이'를 꿈꾸는 부모의 자세는 아이를 곤란하게 만든다. 태어나면서부터 구조적으로 평생 약자일 수밖에 없는 아이들에게 부모는 권력으로 아이를 움켜잡고 있는 것은 아닐까? 완벽이라는 허상을 우리 아이에게 강요하고 있는 것은 아닐까?

아이가 완벽하지 않은 것은 지극히 당연한 일인데 말이다.

PART 6

허세 없는
내 친구는
유대인

● ● 페이스북 창업멤버이자 CEO 마크 주커버그는 항상 회색 반소매 티셔츠와 후드티를 입고 다닌다. 본인의 페이스북에 똑같이 생긴 회색 티셔츠와 후드재킷 여러 벌이 걸려 있는 개인 옷장을 공개하기도 했다. 그는 많은 인터뷰와 강연을 통해 "최대한 단순하게 살려고 노력한다. 무엇을 입어야 할지 고민하는 시간에 일에 집중하고 싶다"라고 밝혔다. 그리고 "남들이 날 어떻게 생각할지에 대해 생각하고 낭비할 에너지는 없다"라고 말한다.

그는 1984년생, 30대 초반의 젊은 나이에 거대 기업 페이스북을 창립하고 이끌고 있다. 그리고 소외된 각 분야에 아낌없는 후원과 자선활동에 앞장서고 있다. 2015년 12월 1일, 딸의 탄생과 함께 자신의 페이스북 지분 99퍼센트, 450억 달러를 기부한다고 밝히기도 했다. 젊은 나이에 성공했지만 잘난 척하기보다는 끝없는 자기 발전을 위해 시간을 투자하는 마크 주커버그! 회사 CEO가 되었지만, 일반 직원들과 같은 크기의 사무실에서 일하고, 사업의 성공으로 거대한 부를 얻었지만 항상 같은 옷만 입고 다니는 마크 주커버그! 옷 고를 시간조차 없다는 그는, 더 나은 세상을 후손에게 물려 주기 위한 후원과 자선활동에 누구보다 앞장선다. 허세를 구매하지 않는 지혜로 더 나은 세상을 만들고자 앞장서며, 수많은 메시지를 우리 시대에 전하고 있는 그는 유대인이다.

#01 허세를 구매하지 않는 지혜

캘리포니아로 이사를 오자마자 준우는 유대인 유치원에서 운영하는 여름캠프에 참가했다. 캠프에서 준우의 생일파티를 마치고 안식일 행사에 참석했을 때의 일이다. 랍비는 아이들에게 '노아의 방주 속 비둘기'와 관련된 흥미로운 이야기를 들려주었다.

노아가 하나님의 말씀에 따라 노아의 방주를 만들고 동물들을 방주에 태우려고 할 때의 일이다. 기린이 말했다.

"내가 방주에 가장 먼저 타야 해. 나는 목이 길어서 방주에 타면 멀리 내다볼 수 있지."

이번에는 코끼리가 말했다.

"너는 내가 필요할 거야. 나는 가장 덩치 큰 몸을 가지고 있으니 말이야!"

하마가 말했다.

"내가 가장 뚱뚱하지. 게다가 나는 가장 큰 입을 가지고 있다고!"

이어서 악어가 입을 크게 벌리며 말했다.

"네가 가장 큰 입을 가진 건 아닌 것 같은데?"

사자가 말했다

"나는 정글의 왕이라고!"

앵무새가 말했다.

"나는 사람처럼 말할 수 있어. 사람과 친구가 되어 줄 수 있지!"

동물들은 각자의 강점을 뽐내며 노아에게 몰려들었다. 그러자 노아가 구석에 있던 비둘기에게 질문했다.

"비둘기야, 너의 특별함은 무엇이니?"

"저는 특별한 점이 없어요. 제가 필요한 곳이 있으면 제 할 일을 하는 평범한 비둘기일 뿐이시요."

비둘기는 노아의 방주 맨 끝에 있는 뗏목의 한 귀퉁이에 자리 잡게 된다. 홍수가 멈추었는지 밖에 나가 확인할 방법을 노아와 동물들이 논의하는 자리가 마련되었다. 서로 자기가 제일 잘나고 특별하다고 떠들던 동물들은 꿀 먹은 벙어리가 되어 아무도 나서지 않았다. 그때 맨 끝에 있던 비둘기가 말했다.

"누군가 가야 하니 제가 가서 보고 오도록 하지요."

홍수로 40일이 지나고 난 후 비둘기는 올리브나무를 입에 물고 와 기쁜 소식을 전한다.

"평화가 있어요! 제가 그 평화의 메시지를 받았어요. 저기 지구에는 그 어느 때보다 넓고 아름다운 세상이 펼쳐져 있어요. 40일 밤낮을 이 냄새 나는 방주 안에서 함께 지낸 우리가 저 밖에 나가서 서로 어울려 살아가는 것은 그 무엇보다 쉬운 일 아니겠어요? 무지개를 보았어요! 우리는 평화를 얻은 것이죠!"

하나님은 메시지를 전달할 메신저로 누구를 고를까 고민에 빠진다. 하나님의 선택은 가장 큰 동물도, 힘이 센 동물도, 말을 제일 잘하는 동물도 아닌 평범한 비둘기였다.

아무것도 특별할 것 없는 비둘기. 너와 나, 우리의 모습처럼 평범한 존재는 적재적소에 대단함이 발현된다.

겉이 아닌 속을 보는 유대인

'체면'이라는 눈에 보이지 않는 물건은 얼마짜리인지 셀 수 없을 정도로 값비싸다. 그런데 체면을 값비싼 돈을 주고 구매한 사람들의 손에 들려 있는 것의 궁극적인 본질을 들여다보면 허망하기만 하다. 그것은 '허세'라는 다른 이름을 갖는다.

유대인들은 검소하고 소박하다. 절약하는 습관은 허영심에 낭비하지 않고 옷도, 겉모습도, 식생활도 분에 넘치지 않으며 작은 것에 감사해한다. '겉보다는 속을 튼튼히 하는 것'에 집중한다.

하루는 캘리포니아에서 변호사로 일하는 유대인 친구 코트니와 아이들과 함께 맥도날드에 들렀다. 햄버거를 먹으며 아이들은 한쪽에 마련된 놀이터에서 신나게 놀았다. 코트니는 변호사이면서 캘리포니아 지역 몇몇 대학 로스쿨에서 강의를 도맡아 하는 강사이기도 하다. 겉치장에 신경 쓰지 않는 유대인의 특성을 그대로 실천하는 코트니는 지극히 캐주얼한 차림이었다.

옆 테이블에 앉아 있던 한국 여성은 머리부터 발끝까지 한껏 차려 입은 두 딸과 함께 명품가방을 메고 있었다. 같은 한국인임에 반가워하며 자연스럽게 인사를 마친 뒤, 자기 남편이 미국인인데 백인이라는 말을 강조하며 몇 번이고 대화를 시도했다. 불필요한 경우 인종에 관한 대화를 즐기지 않는 미국 사회에서 남편이 백인임을 강조하는 한국 여성의 의도가 이해되지 않았다. 그리고 한국말로 이어지는 그녀의 말에서 소박한 차림의 코트니를 은근히 무시하고 있다는 게 느껴졌다.

"친구 분 남편이 무슨 일 하세요? 아이와 엄마의 운동화가 너무 헐었네요!"

나는 그녀에게 속으로 '겉을 꾸미지는 않지만 이스라엘 기부단체에 적극적으로 활동하고 있는 코트니는 남편이 무슨 일을 하기 이전에 본인이 변호사예요'라고 답했다.

유대인들은 오히려 겉모양을 너무 화려하게 장식하는 것은 내면의 추악함을 감추려는 행위라 여긴다. 겉은 화려하지 않지만 머리에는 지혜로 가득 차 있고, 헌 운동화를 신고 있지만 공익을 위해 기부를 아끼지 않는다. 명함 한 칸을 채우는 자격증, 이력 쌓기에 연연하기보다는 실력 쌓기에 전력을 다하는 것이다.

로스차일드 가문 네이던 로스차일드Nathan Rothschild는 어마어마한 부를 쌓았지만, 신사들에게 유행하던 옷 장식 하나 하지 않았다고 전해진다. 인텔 CEO 앤드류 그로브, 페이스북 창업 멤버이자 CEO 마크 주커버그는 전용 엘리베이터나 본인 사무실이 없다. 일반 직원과 똑같은 크기의 사무실 한 칸을 사용한다. 천문학적인 부를 이루었지만 화려한 삶을 살지 않고 목적이 없는 곳에 돈을 쓰지 않는다.

준우의 유치원 같은 반 친구 마르타는 매일 아침저녁으로 아빠가 등하교를 담당한다. 유독 다정한 마르타 아빠와 나는 곧 친구가 되었다. 특히 아침에는 부스스한 운동복 차림으로 아이를 데리고 오는 아빠의 모습에 안쓰러운 마음이 들기도 했다. 유치원의 각종 행사에도 아빠가 참석했다.

어느 날 마르타의 집에 생일 초대를 받아 방문한 적이 있다. 마르타의 엄마 캐서린은 자기를 변호사라고 소개했다. 화려한 외모에 교양 넘치는 말투는 완벽함에 가까웠다. 그리고 한쪽 구석에 앉아 있는 마르타의 친할아버지와도 인사를 나누었다. 그는 젊었을 때 중국에서 영어를 가르친 경험이 있다고 본인을 소개했다. 이후 플레이데이트를 하러 들른 마르타네 집에서 마르타 아빠인 그레이와 처음으로 허심탄회한 대화를 주고받았다. 그레이는 프린스턴대학교에서 정치학을 공부하고 밴더빌트대학교 로스쿨 출신 변호사이며 다음 달부터 로펌(법무법인)에서 일하기 시작한다고 말했다.

며칠 후 나는 신문에서 그레이네 가족을 발견했다. 로펌에서 일을 시작한 그레이에게 감사 메시지를 전하는 로펌 CEO의 인터뷰 기사였다. 그리고 그레이는 지난달까지 미국 수출입은행 부행장을 역임하고 있었다. 또한 내가 영어교사로만 생각하고 있던 마르다의 할아버지는 테네시 주 3선 국회의원이었으며, 클린턴 행정부 당시 전 주중대사로 중국에 있었다는 것을 기사를 통해 발견하게 되었다.

단 한 번도 나에게 잘난 척하거나 자랑한 적 없는 그레이네 가족의 모습이 떠올랐다. 미국 수출입은행 부행장이었던 그레이의 일상 생활은 좋은 차를 타지도, 눈에 띄는 옷을 입지도 않았다. 오히려 나에게 일자리 없는 전업주부 아빠라는 강한 확신을 심어 주었으니 말이다.

나라면 어땠을까? "내가 테네시 주 국회의원 출신이요, 내 아버지가 주중 대사를 지내셨소!" 첫 만남에 떠들었을지 모른다. 친구나 친척이 새 외제차를 뽑으면 빚을 내서라도 따라 사는 사람도 있다. 점심값은 없어도 신상 휴대전화는 있어야 하고, 성형수술을 감기 주사 맞는 것처럼 여기는 젊은 여성들도 있으며, 내 자녀가 진학한 대학교는 우리 집 간판이 되기도 한다. 은행 빚은 쌓여 있지만 1년에 한 번쯤 해외여행을 다녀와 개인 블로그나 페이스북에 사진을 올려 친구들에게 알리는 사람도 있다. 이렇게 남에게 보여지는 것에 목을 맨다. 그러나 정작 명품으로 겉을 치장한 그들의 속을 들여다보면 텅 빈 경우가 대부분이다.

유대인은 돈이 많아도 꼭 필요한 곳에만 쓰고 낭비하지 않는다. 체면 차리자고 돈을 쓰지 않는다. 내 주변 대다수 유대인은 여전히 폴더폰을 사용한다. 휴대전화를 바꾸러 갈 시간도, 돈도 아깝다고 생각하는 것이다.

야론과 시갈릿은 자녀 셋을 키우면서 차 한 대로 생활한다. 학교, 학원 등 모든 장소를 차로 이동해야 하는 미국에서 시갈릿은 4명의 운전사인 셈이다. 아침저녁으로 남편이 일하는 대학교, 딸의 고등학교, 아들의 중학교, 막내딸의 초등학교에 각각 들러야 한다. 생활에 불편함이 있지만 절약으로 생활하는 이 부부는 아이들의 대학 학비와 미래를 위한 저축을 무엇보다 중요하게 생각한다. 대신 아이들과 함께하는 여행을 위해서는 돈을 아끼지 않는다. 여행을 통한 경험은 아이들에게 큰 교육이 된다고 믿기 때문이다.

또 다른 유대인 친구 데이비드는 성공한 사업가이다. 누구보다 기부에 앞장서고 어려운 이웃을 돕는 그는 어느 날 레스토랑에 들어갔다가 메뉴판의 금액을 보고 망설이지 않고 되돌아 나왔다. 간단히 저녁을 해결하고자 했으나 너무 비싼 가격에 헛돈을 낭비하고 싶지 않았기 때문이다. 다른 사람의 이목을 신경 쓰느라 사용되는 돈은 결국 헛돈을 낭비하는 것이다.

유대인들은 근검절약하는 습관을 어릴 때부터 가르쳐야 한다고 믿는다. 절약하는 습관 없이 낭비를 일삼는 사람은 돈이 모이거나 돈으로 기회를 부여잡을 기회가 없다. 돈은 버는 것이지만 그것보다 중요한 것은 근검절약하여 모으는 것이기 때문이다.

#02 일하지 않는 자,
    먹지 못한다

"한 국가의 부는 국민의 노동이다." 이스라엘 건국의 기반이 된 시
오니즘 창시자인 사상가 데오도르 헤르즐의 명언이다. 오랜 방랑의
역사 속에서 고향인 이스라엘 땅으로 돌아가고자 했던 시오니즘으
로 건립된 이스라엘. 그 첫 시작은 키부츠Kibbutz, '공동소유'라는 사회
주의적 생활방식을 통한 집단농장이었다. 누가 시키지 않아도 노동
의 가치를 중요하게 여긴 유대인들이 스스로 발견한 '살아 나가는
법'은 바로, 노동이었다.

밤새 천둥번개를 동반한 비가 내린 어느 날, 제법 쌀쌀해진 날씨에 리모어네 집에 커피를 마시러 들렀다. 내가 도착했을 때, 리모어는 엄마의 젖을 잘 찾지 못하며 울고 있는 생후 2개월된 둘째 아들 아밋에게 젖을 물리며 "일하지 않는 자는 먹지 못한다!"라고 이야기하고 있었다. 아직 손바닥 만한 신생아에게 이렇게 가혹한 밀을 하는 친구 리모어를 보니 "유대인답다"라는 말이 절로 나왔다. 유대인들은 원하는 것을 얻기 위해서는 그만한 대가가 필요하다는 것을 아주 어릴 때부터 가르친다. '물고기를 잡아 주기보다 잡는 법을 가르친다'라는 진부하리만큼 유명한 말이 생각났다.

천둥번개가 치던 지난밤에는 리모어 남편 데론이 스프링클러(자동으로 잔디에 물을 주는 기계)를 끄러 밖에 나갔다는 이야기도 들려주었다. 비가 내리는 날이니 새벽 동안 돌아갈 스프링클러의 물값과 전기세를 아끼기 위해서였다. 늦게까지 수술하고 집에 돌아온 돈 잘 버는 성형외과 의사가 한밤중에 물값과 전기세를 아끼기 위해 천둥번개를 동반한 빗속을 뚫느라 다 젖어가며 나갔다니 나로서는 믿기지 않았다. 하지만 유대인 가정에서 유대인 부모로부터 교육을 받고 성장한 남편 데론에게 이러한 수고는 너무 당연한 것이었으리라.

유대인 부모는 아이들에게 어릴 때부터 가사를 분담함으로써 노동의 가치를 가르친다. 간단한 노동으로 어릴 때부터 책임감을 교육한다. 어릴 때 형성된 책임감은 성장하며 겪게 되는 다양한 역경을 뚫고 나갈 자신감이 된다고 믿기 때문이다. 또한 아이에게 적당한 노동을 시킴으로써 아이가 부모에게 단지 사랑받는 존재가 아니라 부모에게 필요한 존재라고 인식시킨다. 그리고 이러한 인식은 '나도 누군가에게 필요한 존재! 나도 누군가를 위해 도움을 줄 수 있는 존재'라는 신념을 준다.

부모들이 아이의 미래를 위해 많은 재산을 물려 준다고 해서 아이의 일생이 평안한 것이 아니다. 쉽게 얻은 재산은 그 가치를 깨닫기 전에 사라지기 쉽다. 유대인 부모는 아이들에게 돈보다는 지혜를 물려 주려 애쓴다. 돈은 금세 없어지지만 어린 시절부터 깊이 새겨진 지혜는 평생 활용할 수 있기 때문이다. 유대인 부모는 '노동의 가치'라는 지혜를 교육하고 이것은 아이들이 스스로 앞길을 헤쳐나갈 힘이 된다. 내 아이가 편안하게만 살다가 독립성을 키우지 못한 채 제대로 된 직업 없이 성장하면 그 부담은 부모에게 고스란히 돌아온다. 현명한 부모는 아이가 스스로 고난을 겪고 이겨가면서 노동의 가치를 자연스럽게 받아들이며 자신의 능력을 일깨우도록 돕는다.

최고의 유산, 부를 축적하는 지혜

18세기 이전 프랑스를 비롯한 유럽의 몇몇 국가에서는 유대인에게 돈을 받고 이름을 팔았다. 그 이전에는 제대로 된 이름이 없었던 유대인은 비싼 값을 치르고 아름다운 이름을 얻을 수 있었다. 하지만 돈이 없는 사람은 반대로 부정적인 의미나 우스꽝스러운 어감의 이름을 살 수밖에 없었다. 경제적 수준이 이름을 결정짓고 후손들에게 그 이름이 이어지는 것이다. 유대인들의 이 뼈아픈 경험은 돈의 필요성을 절실히 심어 주었다. 유대인의 재테크 능력은 어릴 때부터 받아온 가정교육의 열매이다.

부모가 좋은 직업을 가지고 있고 경제적 부를 이루었다고 해도 아이들을 풍요롭게 키우지 않는다. 검소한 생활을 가르치며 노동의 중요성을 가르친다. 그리고 정해진 돈을 규모 있게 지출하는 돈의 출납을 관리하는 능력을 교육한다. 유대인 부모가 아이에게 교육하는 이 모든 경제교육은 아이가 나중에 커서 돈을 관리하는 지혜가 된다. 유대인이 주는 유산은 금전이 아니라 부를 쌓는 지혜인 것이다.

미국 내 유대인 인구의 비율은 2퍼센트 정도밖에 되지 않는다. 그런데 미국 국내총생산의 20퍼센트가 그들의 몫이다. 이는 유대인 경제교육의 결과물이다.

유대인 부모는 아이들에게 돈의 노예가 되지 말라고 가르친다. 그렇다고 돈을 무시하라는 것이 아니다. 돈을 숭배하지는 말되 천시하면 안 된다는 것이다. 유대 격언 중 '재산이 많으면 그만큼 근심이 늘어나지만, 재산이 전혀 없으면 근심은 더욱 많아진다'는 말이 있다. 돈은 인생의 모든 것을 이루는 데 필요한 도구이기 때문에 중요하다는 인식을 철저히 가르친다.

#03 겸손으로
부의 지혜를
쌓다

전 세계 각국에는 성공한 유대인들이 많다. 러시아, 동유럽, 서유럽, 아프리카 등 세계 각국에 흩어져 살고 있던 유대인들은 새로운 곳에 정착하며 그 사회의 리더그룹으로서 당당하게 성공을 이룬다.

남편과 연애 시절 우리 대화의 주를 이루던 유대인 이야기 가운데 대부분이 '로스차일드 가문' 이야기였다. 국제적 금융기업가 메이어 암쉘 로스차일드는 유럽의 정치와 경세에 큰 영향을 끼친 유명한 유대인이다. 그의 다섯 아들은 유럽 각국에 은행을 설립해 각국

정부에 큰 영향력을 행사하기도 했다. 무엇보다 로스차일드 가문은 이스라엘의 강력한 후원자이기도 하다. 남부러울 것 없이 성공한 로스차일드 가문이 조국을 잊지 않고 후원을 아끼지 않는 모습이 더욱 대단해 보였다. 세계 각 국가에서 타민족인 유대인들이 성공할 수 있었던 비결은 무엇일까? 그 해답을 로스차일드의 일화를 통해 찾아볼 수 있다.

메이어 암쉘 로스차일드는 거대한 부를 축적했고 당시 오스트리아 황제였던 프란츠 조셉과 막역하게 지냈다. 가끔 황제는 로스차일드의 유명하고 고급스러운 저택에 자신의 정부 관리들을 보내곤 했다. 로스차일드의 저택은 오스트리아뿐만 아니라 전 유럽에서 가장 고급스러운 저택이었다. 모든 사람이 그 아름다움과 부의 상징을 보고 싶어 했다. 어느 날 황제가 보낸 중요한 관리를 구경시켜 줄 때의 일이다. 로스차일드는 자신의 저택을 방문한 황제의 관리에게 모든 방을 보여주었고, 그 손님은 금과 은 그리고 수많은 장식으로 화려함을 자랑하는 저택에 경외감을 느꼈다.

메이어 암쉘이 어느 방문 앞을 지나갈 때, 유독 한 방문 앞에서만 멈추지 않고 지나쳤다. 손님은 그 방에는 무엇이 있는지 궁금하다며 보여주기를 희망했다. 하지만 메이어 암쉘은 미안하다며 이 방은 유일하게 보여 줄 수 없는 장소라고 했다. 손님은 질문했다.

"왜 그런 것인지 무척 궁금하군요. 저는 당신의 이 아름다운 저택 구석구석을 다 보고 싶습니다." 하지만 메이어 암쉘은 "그럴 수 없습니다"라며 계속 걸어갔다. 저택 구경이 끝나고 관리는 황제의 궁으로 돌아와 모든 사실을 보고했다.

"로스차일드의 저택은 상상 이상으로 아름다운 곳이었습니다. 하지만 메이어 암쉘이 한 군데 만큼은 절대 보여 주지 않았습니다."

황제는 되물었다.

"그 장소가 어떤 곳이었나?"

"잘 모르겠습니다. 하지만 황제께서도 그 유대인들이 얼마나 거대한 부자인지 알고 계시지 않습니까. 아마도 그 방 안에는 돈을 만들어내는 마술 기계가 있을 거라 생각됩니다. 그리고 그것이 로스차일드가 부자가 된 이유가 아닐까 생각됩니다."

황제는 그 관리의 말을 믿어야 할지 확신이 들지 않았다. 그래서 다른 관리를 로스차일드에게 보내기로 했다. 하지만 두 번째 관리 또한 같은 경험을 하고 돌아왔다. 세 번째, 네 번째도 매번 같은 경험을 하고 돌아왔다. 황제는 호기심이 발동했다. 그래서 본인이 직접 로스차일드의 저택을 방문하기로 했다. 황제 또한 똑같은 안내를 받으며 그 금지된 방 앞에 도착하게 되었다. 황제는 그 방에 들어가기를 원했고 무엇이 있는지 궁금해했다. 메이어 암쉘은 "이 방은 유일하게 보여 드릴 수 없는 곳입니다"라고 말했다. 하지만 황제는 자기 뜻을 굽히지 않았고 메이어 암쉘은 결국 열쇠를 가져와 그 비밀스러운 방의 문을 열었다.

문이 열림과 동시에 황제는 주변을 돌아봤고, 자신이 발견한 것에 깜짝 놀랐다. 아주 작은 방 안에는 작은 소나무로 만든 상자와 탁자 위에 놓여 있는 하얀 천이 전부였다.

황제는 "이것들이 다 무엇인가?"라고 물었다.

"우리 유대인은 장례 절차에 있어 매우 엄격합니다"라고 메이어 암쉘은 대답했다. 그리고 계속 설명했다. "누군가 죽었을 때, 아주 소박한 소나무로 만든 관에 안장하게 됩니다. 그리고 죽은 몸은 하얀색 천에 둘러싸이게 되죠. 그리고 그것은 신이 만든 모든 창조물들은 동등하고 같다는 것을 의미합니다. 그 누구도 비싼 관이나 사치스러운 수의를 입고 입관되어서는 안 됩니다. 비록 일부는 더할 나위 없는 풍요로운 삶을 살았다거나 혹은 혹독한 가난 속에서 고통을 받으면서 살았다 하더라도 우리는 죽음 앞에서 모두 평등합니다."

"하지만 왜 이 방 안에 이것들이 있는 것인가?" 놀라웠지만 여전히 혼란스러워하던 황제는 물었다. 메이어 암쉘은 이렇게 대답했다.

"매일 하루의 일과가 끝나면 저는 이 방으로 와서 저 관과 수의를 바라봅니다. 그리고 제가 가진 이 거대한 부와 권력 이전에 저는 하나님의 수많은 창조물 중에 하나임을 상기시켜 줍니다. 저 또한 하나님의 다른 모든 창조물처럼 제 삶의 마지막 날을 맞이하게 될 것입니다. 저는 제 자신이 겸손해지도록, 그리고 거만해지지 않도록 매일 밤 이 방을 방문합니다."

황제는 유럽을 지배할 정도로 거대한 부를 축적한 메이어 암쉘 로스차일드의 겸손함에 놀란 나머지 할 말을 잃었다. 이 방문 이후로 황제의 로스차일드에 대한 존경심은 이전보다 굳건해졌다. 그리고 황제는 다시는 로스차일드의 진실함과 정직성에 의문을 제기하지 않았다.

우월감은 상대방에 대한 비교에서 시작된다. 나는 '자이언트 Giant(거인)'란 말을 들으면 로스차일드와 같은 거인들의 삶을 그려본다. 하지만 현시대를 사는 자이언트들은 조금 더 배웠다고, 조금 더 가졌다고 상대방을 배려하지 않고 무시하는 모습을 종종 볼 수 있다. 로스차일드뿐 아니라 내가 만난 대부분의 성공한 유대인 친구들은 그 무엇보다 겸손함을 잃지 않았다. 거인이라는 수식어가 아깝지 않은 것이다.

지혜로운 소비

나는 '유대인은 돈에 인색하고 치졸하다'는 편견이 있었다. 아마도 셰익스피어의 《베니스의 상인》에 등장하는 피도 눈물도 없는 고리대금업자인 유대인이 내 인식 속에 깊이 박혀 있었던 것 같다. 하지만 내 유대인 친구들을 통해 내 편견을 깰 수 있었다.

유대인은 돈을 참 잘 쓴다. '잘 쓴다'는 의미는 돈을 많이 쓴다는 의미가 아니다. 돈을 적절한 곳에 합리적으로 사용한다는 뜻이다. 그리고 꼭 필요한 곳이라 판단되면 따지지도, 아끼지도 않는다. 예를 들면, 자녀를 낳은 부인을 위해 의미 있는 선물을 하고 주변에 감사한 이에게 값비싼 선물을 하는 데는 돈을 아끼지 않는다. 가끔은 베이비시터에게 아이를 맡겨두고 레스토랑에 가서 식사도 하며 여건이 된다면 비싼 비행기 표를 마다하지 않고 여행을 즐긴다.

물론 절약이 생활습관이 된 유대인들은 자신의 경제 수준을 넘어선 소비를 하지 않는다. 자신의 경제 수준을 넘어서는 소비를 '낭비'라고 한다. 하지만 유대인은 절약과 치졸함의 확실한 차이를 두어 절약하지만 치졸하지 않도록 균형을 이루는 소비를 하는 것이다.

종종 "내가 몇 년 전에 너에게 이런 것을 선물해 주었잖아! 내가 작년에 너에게 얼마의 도움을 주었잖아!"라고 끊임없는 공치사를 늘어놓는 사람이 있다. 남을 도와주고도 고맙다는 소리 한번 듣지 못하는 경우이다. 고맙다는 소리를 하지 않는 상대방 탓만 하며 인생을 허비하지만 정작 고맙다는 소리를 듣지 못하는 이유는 스스로 깨닫지 못한다. 유대인은 남을 도와주는 일에는 여건이 허락하는 데까지 적극적으로 앞장선다. 그리고 남을 경제적으로 도와주었다면 자신의 입으로 그것에 대해 두 번 다시 언급하지 않는다.《탈무드》에 있는 "남에게 자기를 칭찬하게 해도 좋으나 자기 입으로 자기를 칭찬하지 말라"는 말을 실천한다.

#04 아이에게 돈에 관해 가르치다

18세기 후반부터 250여 년간 7대를 거처 부를 이어가는 로스차일드 가문은 유대인이다. 로스차일드 가문은 독일뿐 아니라 영국, 프랑스, 이탈리아, 오스트리아 등 유럽 전역으로 뻗어 나갔다. 그들과 관련된 거대한 음모론 및 숨겨진 이야기가 많지만, 유럽역사의 많은 부분을 로스차일드 가문이 함께했다는 사실에는 변함이 없다.

'부자는 3대를 못 간다'라는 말이 있다. 그렇다면 7대를 거처 부를 대물림해 온 로스차일드 가문의 비결은 무엇일까? 메이어 암쉘 로스차일드를 시작으로 유럽 전역의 정치 경제에 큰 영향력을 끼쳐 온 로스차일드 가문은 그들만의 명확한 철학이 있다.

첫째는, 다섯 개의 화살을 움켜쥔 손을 가문의 문장에 그려 넣은 것처럼 가족 구성원의 협력을 강조한다. 한 개의 화살을 부러뜨리기 쉽지만 함께 뭉쳐진 다발을 부러뜨리기는 어렵다. 다섯 아들이 서로 잘난 척하며 경쟁하는 것이 아니라 함께 잘 협력하라는 메시지이다.

두 번째는, 인류 역사에 기록될 만큼의 부를 이루었음에도 겸손을 잃지 않고 언제나 실력을 쌓기 위해 노력하라는 것이다.

마지막으로, 가정에서 대물림되어 온 유대인 특유의 상술은 로스차일드 가문이 성공하는 데 최대 무기가 되었다. 어떤 사람은 조금만 부를 창출해도 허세로 낭비하다가 벌어들인 재산을 금방 탕진하기도 한다. 또한 부모가 재벌이면 그 후손들은 절대 권력을 누리며 자유롭게 생활하다가 재산을 탕진하기도 한다. 하지만 로스차일드 가문은 지금도 끊임없이 더 많은 부를 창출하기 위해 노력하며, 부를 창출하는 것보다 유지하는 것이 더 중요하고 어렵다고 말한다.

18세기 후반 시작된 로스차일드 가문은 과거 이야기가 아니다. 시대 변화에 발 빠르게 적응하여 지금도 전 세계에서 금융 서비스를 제공하고 있다. 그리고 소외 계층을 위한 꾸준한 자선 사업을 하고 있다. 유대인 특유의 상술과 올바른 경제교육은 로스차일드 가문의 최고 유산이다.

경제교육 홈스쿨링

유대인 부모는 어릴 때부터 아이들에게 경제교육을 한다. 그 성과는 나무의 열매처럼 오랜 시간이 걸릴지 모른다. 하지만 유대인 부모는 아이가 훗날 주렁주렁 열매 맺을 수 있도록 어릴 때부터 올바른 경제관을 심어 주려 애쓴다.

내 유대인 친구들은 경제교육은 빠르면 빠를수록 좋다고 말한다. 어릴 때 나의 부모님은 어린 나에게 돈을 만질 기회를 주지 않았다. "무슨 어린 애한테 돈 얘기를 해요?" 우리 부모들은 이렇게 말한다. 순수한 어린아이에게 경제 이야기를 하면 아이가 속물이 될 것 같아 두려워한다. 아이에게 "너는 돈 걱정 하지 말고 공부나 열심히 해라!"라고 가르친다. 하지만 내 유대인 친구들은 아이들이 어릴 때부터 돈에 대해 올바른 태도를 갖도록 교육한다.

'가난은 수치가 아니지만 그렇다고 명예도 아니다'라는 유대 격언이 있다. 인간에게 돈이 왜 필요하며 왜 소중히 여겨야 하는지 어릴 때부터 확실하게 인지시킨다. 각국에 흩어져 디아스포라 생활을 해온 유대인들에게 믿을 것이라곤 지혜와 부밖에 없었다. 유대인 부모들은 돌이 지난 아이에게도 경제 이야기를 하고, 동전을 주기도 한다. 성인이 되어서 경제교육을 받기 시작하면 늦는다고 믿는다. '세 살 버릇 여든까지 간다'라는 말은 경제관에도 예외 없이 적용된다. 어릴 때 형성된 경제감각과 습관이 성인이 되어서까지 이어지고 평생 간다고 믿는다. 따라서 재테크 감각을 어릴 때부터 교육하는 것이다.

가정에서 아이에게 경제교육을 할 때 부모의 목표는 크게 두 가지이다. 돈을 짜임새 있게 지출하는 능력과 저축하는 습관을 교육하는 것이다. 처음 아이들에게 경제교육을 할 때에는 가지고 있는 돈의 50퍼센트 정도는 미래를 위해 저축하도록 유도한다. 그리고 정해진 한도에서 꼭 필요한 것이 무엇인지 지출계획을 세운다. 그 과정에서 사고 싶지만 사지 못하는 것을 받아들이는 것이 중요하다. 어른이 되어서도 내가 사고 싶다고 다 살 수 있는 것은 아니다. 그 조절을 하지 못하면 낭비를 하게 되고 반복되는 낭비가 야기하는 결과는 비참하다. 그렇기 때문에 어릴 때부터 소비하고 싶은 욕구를 현명하게 조절하는 능력을 확실히 가르쳐야 한다.

아이가 어느 정도 성장하면 주식을 사주는 유대인 친구들도 있다. 주식이 무엇이고 어떻게 관리해야 하는지 가르치기 위해서다. 아이는 주식의 가격이 오르내리는 수익을 계산하며 자연스럽게 경제와 금융을 배워나간다. 오랜 미국의 경제 대통령이었던 앨런 그린스

펀은 다섯 살 때부터 아버지에게 주식과 채권에 대해 교육받았다. 투자의 신 워런 버핏, 헤지펀드 대부 조지 소로스도 어릴 때부터 현명한 경제관을 심어 주는 것이 중요하다고 한목소리로 이야기한다. 돈이 정확히 어떤 행위를 하며, 언제 어떻게 쓰이는지 그리고 왜 중요한지 정확히 인지한다면 아이가 성장했을 때 올바른 경제관을 갖는 기본 조건이 충족된 것이다.

내 유대인 친구이자 금융전문 변호사인 카밀은 유대인들 중에 상술이 발달하고 대부호가 많은 이유를 다음과 같이 설명했다.

"유대인은 어릴 때부터 숫자를 많이 사용하지. 부모나 친구, 동료와 대화를 하면서 추상적인 표현보다는 숫자로 구체적으로 말하는 습관이 생긴 거야. 금융전문 변호사로 일하다 보니 그 습관이 큰 도움이 된다는 것을 깨달았어. 숫자 개념이 확실히 잡히는 것은 물론이고 생각과 판단이 빨라지거든."

실제 준우의 유대인 친구들을 보면 어릴 때부터 숫자를 많이 사용해 말한다. 그들은 "오늘 하늘에 구름이 많다!"라고 추상적으로 말하지 않는다. 말하기 전에 눈에 보이는 구름 덩어리를 센 뒤 "준우야, 오늘은 구름이 12개 덩어리가 있어. 어제는 6개밖에 없었는데 하루 사이 구름이 두 배가 늘어났네!"라고 말한다.

'원유값이 올랐다'가 아니라 '지난주까지 원유값이 얼마였는데 오늘은 얼마로 그사이 얼마가 올랐다'라고 표현한다. 그래서 유대인에게는 30대, 40대 아저씨나 아줌마라는 말은 없다. 35세, 42세 구체적인 숫자로 나이를 말한다. 이러한 생활습관은 숫자를 생활 속에서 자연스럽게 사용하게 한다. 그렇게 숫자를 반복 사용하다 보면 우리가 모르는 사이에 경제를 깨우치는 교육이 되는 것이다.

#05 나눔의 의미, 티쿤올람

준우: "엄마! 오늘 하다사Hadassah 모임에서 만난 할머니와 할아버지들의 손자, 손녀가 아픈가요? 그래서 이스라엘 병원에 입원해 있는 거예요?"

엄마: "아니, 그분들은 미국에서 태어나 생활했고, 그 자녀들도 미국 각지에서 건강하게 생활하고 있단다."

준우: "그런데 오늘 그분들은 왜 돈을 모아서 이스라엘에 있는 병원으로 보내는 건가요?"

엄마: "그분들은 모두 유대인이고 조국인 이스라엘에 있는 병원에 도움이 필요한 아이들을 도와주신 거란다."

준우: "자기 손자, 손녀도 아니고 친구도 아닌데 왜 남에게 자신의 돈을 주는 거죠?"

유대인 친구 코트니로부터 하누카를 맞이한 자선파티에 초대받았다. 하다사는 유대인 여성 시온주의(팔레스타인 지역에 유대인 국가를 건설하는 것이 목적인 민족주의 운동) 자선단체로 미국 각지에 회원들이 소그룹을 이루어 활동하고 있다. 코트니는 어릴 때부터 그녀의 어머니를 따라 이 모임에 나갔다고 한다. 파티에 참석한 모든 사람은 18달러의 참가 티켓을 구매한다. 그리고 파티의 수익금 전부를 이스라엘에 있는 사라 웨츠먼 데이비슨 Sarah Wetsman Davidson 병원에 전달한다. 이스라엘에 있는 이 병원은 의학계의 눈부신 성장을 주도하고 있다. 지상 20층, 지하 5층 규모로 핵폭탄이 터져도 수술을 진행할 수 있는 병원이라고 한다.

파티에서 나를 놀라게 한 것은 참가자의 평균 연령이 80대라는 것이다. 자녀 양육을 마치고 쓸쓸하게 느껴질 노년기를 나눔의 정신과 교류로 즐기는 이 유대인 할머니, 할아버지의 모습에서 나는 많은 가르침을 받았다. 특히 이 자선파티를 위해 매년 음식을 장만하고 참석자들을 위한 선물을 준비하는 등 조건없이 파티를 준비하는 이반과 사이먼 부부 역시 80세가 훌쩍 넘었다.

　준우는 친구 아리와 함께 주도적으로 경매코너를 진행했다. 한 명이 당첨자 번호를 부르고, 다른 한 명은 거동이 불편한 노인들에게 선물을 직접 가져다준다. 아리는 처음 참석한 준우와 달리 능수능란했다. 갓난아기 때부터 이 행사에 참석한 아리가 할머니와 엄마를 보고 터득한 결과이다.

　나는 유학생 가족에게 기부라는 것이 말도 안 되는 사치라 여겨왔다. 물론 학교에서 봉사활동도 하고 주변 친구나 아는 사람들에게 어려운 일이 생기거나 도움이 필요할 때라면 적극적으로 도와주어야 한다고 교육했지만 우리와 전혀 상관없는 사람이라도 어려운 사람을 도와야 한다고 준우에게 가르친 적은 없었다.

　내 유대인 친구 코트니는 어린 나이부터 엄마를 따라다니며 이 모임에 대해 배워 나갔다. 그녀의 아들 아리 또한 할머니와 엄마를 보며 자연스럽게 기부와 나눔의 가치를 배워나간다. 기부는 타고나는 게 아니라 생활을 통해 몸에 밴 습관인 듯하다. 어릴 때부터 기부하는 부모를 보고 자란 아이들은 남을 돕고 배려하는 마음을 갖는다.

　2016년 새해를 시작하며 미국에서는 '파워볼Powerball' 복권 티켓에 온 국민이 열광했다. 미국 내 유대인 사업가 레츠니츠는 전 직원을 위해 총 1만 8,000장의 복권을 구매하여 신문에 실렸다. 그는 인터뷰에서 이렇게 말했다. "내가 복권티켓을 준비해 줄 테니, 당신들은 희망과 꿈을 준비할 차례입니다."

내 유대인 친구들이 나에게 자주 하던 말을 신문기사를 통해 접하고 놀란 적도 있다. "내 아이가 지금보다 더 나은 세상에서 자라길 바란다. 너와 어린이들 모두에게 좋은 세상을 만들어 줄 큰 책임을 느낀다."

딸을 출산하며 자신이 보유한 페이스북 지분의 99퍼센트, 450억 달러를 사회에 기부하겠다고 밝힌 페이스북 창업자인 유대인 마크 주커버그의 메시지이다. 이 많은 돈을 내 아이에게 물려 주는 것이 자녀를 위하는 길이라고 생각하기 쉽다. 하지만 내 유대인 친구들은 내 아이가 혼자만 똑똑하고 어마어마한 재산을 가진 것보다 어떤 세상에서 어떤 사람들과 살아가는지가 더 중요하다고 말한다. 그러므로 우리 어른들은 아이들을 위해 더 나은 사회를 만들기 위해 노력해야 한다는 것이다.

유대교 사상의 기저가 된 티쿤올람Tikkun olam(세상을 개선하다)은 신이 창조한 불완전한 세상을 완벽하게 만드는 것이 인간의 임무라고 여긴다. 이렇게 나보다는 너를 생각할 줄 알고 사회공헌에 힘쓰는 유대인은 미국 인구의 총 2퍼센트 정도이나 미국 내 총 기부액 중 45퍼센트 가량을 차지한다.

유대인 친구들은 기부나 자선하는 것을 삶의 일부분처럼 여긴다. 아주 옛날 유대인이 가축을 잡아 하나님께 제물로 바쳤던 것을 '체다카Tzedakah'라고 한다. 로마에 의해 성전이 파괴된 후 체다카를 행하기 어려워지자 하나님 대신 가난한 사람에게 '나눔'으로 체다카를 실천하기 시작했다.

유대인 친구네 집에는 '푸쉬케(나눔의 상자)'가 있다. 아이들이 어릴 때부터 '나눔, 자선'이 무엇인지 가르친다. 유대인에게 자선과 기부는 남에게 뽐내기 위한 것이 아니다. 대가를 바라며 하는 것은 더더욱 아니다.

유대인은 기부 대상이 자신을 지탱할 수 있도록 하는 것이 최대 목표이다. 스스로 자립하도록 도와주는 것이 유대인에게 있어 최고 단계의 자선인 것이다.

하다사 자선파티를 매년 주선하는 이반은 영국에서 성장한 유대인이다. 이반은 나눔의 시작을 다음과 같이 말했다.

"나는 가족과 이웃으로부터 많은 도움을 받아왔다. 내 도움이 필요한 다른 사람들을 도와주는 것은 내가 받은 도움을 되갚는 길이다."

이반은 15세 어린 나이부터 남을 위해 도울 방법을 고민했다. '크리스마스를 기념하지 않는 유대인으로서 크리스마스에 무슨 일을 할 수 있을까?' 생각하다가 지역 병원을 찾아가서 봉사하기도 했다.

크리스마스를 맞이하여 간호사들을 쉬게 하고 대신 신생아들을 돌보았다는 것이다. 이렇게 남을 돕던 15세 소녀는 80세가 되어서도 티쿤올람을 실천하고 있다. 그녀는 일평생 나눔으로 삶의 가치를 높이고 있는 것이다.

#06 감사함을 느끼는
특별한 날

어느 날 리모어네 집에 방문했을 때의 일이다. 온 가족이 장염에 걸려 고생하고 있었다. 15개월된 아이, 여섯 살 난 아들, 남편 옆에서 몇 날 며칠을 간호하며 고생하고 있는 친구가 안쓰러워 잠시 수다라도 떨며 힘을 주고 싶었다. 얼마나 지쳐 있을까 생각했던 나의 예상과 달리 리모어는 얼굴에 미소를 띠고 있었다. 오랜만에 만난 기쁨으로 가득 차 뛰어다니는 여섯 살 리아드는 몇 분 전까지 구토를 했다고 한다. 가족들이 장염으로 고생하고 있다고는 믿어지지 않는 활기찬 분위기는 이유가 있었다. 오늘이 바로 유대인의 명절 '투 브쉬 밧Tu B'Shevat(나무의 새해)'이라고 한다. 이날은 하나님이 창조한 나무와 식물 등 자연에 감사하는 날이다.

"유대인 명절이 많은 것은 알았지만 자연에 감사하는 날도 있어?"

나는 웃으며 말했다.

곧이어 초등학교 1학년에 재학 중인 리아드는 오늘 학교 대강당에서 나누기로 했던 발표 원고를 가지고 와서 내 앞에서 낭독했다.

"오늘은 유대인 명절 투 브쉬밧입니다. 여러분 앞에서 히브리와 영어로 자연의 위대함에 대해 나누고 싶습니다. 나무와 식물들을 창조하고 우리에게 주신 하나님께 감사드립니다. 그 식물과 나무들은 저희에게 유용한 열매와 음식을 제공합니다. 그 음식들은 저희를 건강하고 행복한 삶을 살도록 인도합니다."

처음에 웃어넘겼던 나는 원고를 읽는 리아드를 보며 큰 깨달음을 얻었다. 나무, 식물, 공기 등 자연은 우리 주변에서 항상 함께한다. 그리고 그것들이 인간에게 주는 편익은 말로 설명할 수 없을 정도로 크다. 우리가 인지하지 못하거나 잊고 지내는 자연의 위대함과 고마움을 한 번쯤 되새겨 보는 특별한 날은 인간에게 더 큰 행복감과 감사함을 준다. 그리고 그 감사함과 위대함을 느끼는 특별한 하루는 구토하고 설사를 하며 장염에 시달리는 온 가족이지만 병세를 이겨내고 얼굴에 웃음을 주는 마법이 된다.

페스오버Passover, 로샤 하샤나Rosh Hashanah, 슈캇Sukkot, 하누카Hanukkah 등 많은 유대인 명절은 일 년 열두 달이 짧게 느껴진다. 그리고 각 명절은 '우리가 지금 풍요롭게 음식을 먹을 수 있는 것에 대한 감사함, 안전하고 건강하게 사는 현실에 대한 감사함, 로마 성전 붕괴 후 싸워서 성전을 되찾은 조상과 민족에 대한 감사함' 등 모두 무엇인가에 감사함을 되새기는 특별한 날이다. 이렇게 유대인들의 수많은 연휴는 내가 지금 가지고 누리는 것이 얼마나 가치 있고 감사한 일인지 느끼게 한다. 그리고 그 감사한 마음은 우리의 무료한 일상에 풍족함과 행복함을 선물한다.

#07 가격을
매길 수 없는
시간

데이비드와 펠리샤는 우리 가족의 첫 유대인 친구이다. 할리우드 여배우 제시카 알바의 남편이자 프로듀서인 캐쉬 워렌과 '페어 오브 씨브즈Pair of thieves'의 공동 창업자인 데이비드는 우리 가족이 캘리포니아에 도착하자마자 공항에서부터 우리를 반겨 주고 정착을 도와준 가족 같은 친구이다. 데이비드와 펠리샤가 유대인 레스토랑에 우리 가족을 데려갔을 때의 일이다. 주밀 브런치 시간, 붐비는 사람들로 한참 동안 줄을 서서 기다려야 했다. 어린 준우가 지루해하지 않을까 데이비드와 펠리샤는 노심초사했다.

그렇게 한 시간 가량을 기다리고 있는데 담당 웨이터가 우리보다 늦게 온 사람들을 먼저 데리고 들어가 테이블에 앉혔다. 우리가 모두 당황해했지만 준우 앞에서 어른들이 싸울 수는 없는 노릇이었다. 그렇게 우리는 20분 가량을 더 기다리고 난 후에야 담당 웨이터에게 자리를 안내받을 수 있었다. 데이비드는 테이블에 앉자마자 친절한 목소리로 매니저를 불러달라고 했다. 매니저에게 간단히 상황을 설명하고 담당 웨이터를 교체해 달라고 정중하게 부탁했다. 당황한 표정으로 뒤늦게 찾아온 웨이터에게 데이비드는 이 한 마디를 남겼다.

"시간은 돈보다 중요하죠. 시간은 돈을 주고도 살 수 없으니까요. 게다가 당신이 내 시간을 사려면 얼마를 내야 하는지 아세요? 오늘 당신이 치른 대가는 내가 아주 많이 양보한 겁니다."

데이비드는 농담하듯 웃는 얼굴로 그 어느 때보다 여유를 띤 채 이야기했다. 내가 데이비드였다면 어떻게 대처했을까? 한 시간을 기다린 짜증스러운 마음을 보상받기 위해서 웨이터에게 따져 물었을 것이다.

유대인 친구인 데이비드에게는 불합리하게 더 기다려야 했던 5분, 10분이란 시간이 너무 아깝기만 하다. 그렇다고 웨이터에게 화를 내며 싸우는 시간은 더 아깝고 비효율적이다. 무엇보다도 불합리한 대우를 받고 화를 삭이려 인내하는 유대인 친구는 상상조차 되지 않는다. 그들은 분을 삭히기 위해 소요하는 에너지와 시간을 그 어떤 것보다도 아깝게 여길 것이다.

"얘들아 15분 남았다!"

플레이데이트를 끝내기 전 유대인 엄마들이 어김없이 아이들에게 하는 말이다. 이후부터 엄마들은 5분 단위로 남은 시간을 알려 준다. 조금이라도 더 친구들과 놀고 싶은 아이들은 남은 시간을 계산하며 효율적으로 시간을 보낸다. 그리고 꼭 하고 싶었던 것이 있으면 시간이 다 가기 전에 계획해야 한다. 아무리 많은 돈을 주고도 살 수 없는 것이 시간이다. 그래서 유대인은 돈보다 더 가치 있는 것이 시간이라고 목소리 높여 말한다.

'사람은 금전을 시간보다 소중하게 여기지만 돈 때문에 잃어버린 시간은 돈으로 살 수 없다.'《탈무드》에 나오는 내용이다.

유대인 부모는 아이를 규칙적으로 생활하도록 한다. 미국의 대부분 엄마는 아이들이 학교 가기 전날에는 플레이데이트나 파티를 피한다. 아이들은 8시에서 9시 사이면 잠든다. 방과 후 시간별로 자신이 해야 할 일을 이미 알고 있다. 간식 먹고, 숙제를 해야 하는 시간을 매일 반복적으로 지키면서 규칙적인 생활리듬을 갖게 되는 것이다. 이러한 생활습관이 반복되면 오늘 할 일을 내일로 미루는 일이 없다. 그리고 시간의 가치를 깨닫고 효과적으로 보내며 자신의 스케줄을 계획할 수 있다.

유대인 친구들은 대화 중에 "시간을 효율적으로 쓰려면…, 이렇게 하면 시간을 효율적으로 쓸 수 있는데 말이야…"라는 말을 자주 사용한다.

간혹 '시간을 잘 활용할 수 있는 것'을 짧은 시간에 여러 가지 일을 하는 것으로만 착각하는 사람들이 있다. 짧은 시간에 이것저것 아이들에게 시키는 것을 효율적으로 시간을 보냈다고 생각할지 모르지만 아이들이 그 시간에 무엇을 잃는지 생각해보아야 한다.

동시에 지금 이 시간을 즐겁게 즐겨야 하는 의무와 권리가 있다. 아이들이 온갖 액티비티와 학원에 쫓겨 다니며 시간을 보내기만 한다면, 아이들은 신기하고 순수하고 무한한 상상의 세계를 경험할 시간이 없다. 그런 이유에서 유대인의 안식일은 큰 의미가 있는 것이 아닐까? 빡빡한 스케줄에 쫓기던 사람들이 가족간 소통하고 감사함으로 휴식을 취하며 시간의 의미를 되새긴다. 이렇게 유대인에게 시간은 낭비해서는 안 되는 돈보다 중요한 삶인 동시에 즐거움과 행복함을 느껴야 하는 가치 있는 존재이다.

PART 7

유대인은
협상의 달인들

● ● 　최고의 협상 전략 전문가 허브 코헨은 유대인이다. 그의 절친 래리 킹은 허브 코헨의 뛰어난 협상 능력은 어릴 때부터 빛을 발했다고 이야기한다. 《협상의 법칙You Can Negotiate Anything》의 저자인 그는, 지미 카터 및 로널드 레이건 행정부 협상 자문관을 지냈고 FBI 협상 프로그램을 개발했다. 그는 "인생의 모든 일이 협상의 과정이거나 결과"라고 이야기한다. 모든 인생의 협상에는 '시간, 정보, 힘'이라는 세 가지 요소가 포함되며 이 세 가지 요소를 어떻게 내 인생에 유리한 방향으로 사용하고 통제하느냐가 협상의 기술이라고 말한다. 인간관계의 중요성을 절실히 깨달은 유대인은 뛰어난 사회성과 적절한 유머로 언제 어디서나 분위기를 자연스럽게 이끌어간다. '성공은 당신이 얼마나 알고 있는가가 아니라 누구를 알고 있는가에 달려 있다.' 유대 격언이다. 지식보다 인간관계가 성공의 열쇠가 될 수 있다는 의미이다. 인간관계와 인생의 협상에 타고난 능력을 가진 유대인의 힘은 무엇에서 시작되는 것일까?

#01 인간관계의 중요성

방학이나 연휴가 끝나고 학교에 돌아가는 날 아침이면 준우와 나는 신경전에 돌입한다. 평소 명랑하고 밝은 준우가 유독 말이 없어지고 긴장하기 때문이다. 아침에 만나는 친구들에게 "안녕" 인사조차도 건네기 버겁다. "그냥 인사하기 싫어서 그래!"라고 준우는 말한다. 이럴 때면 나는 '인사 좀 안 하면 어때, 아직 어리니까 조금만 크면 나아지겠지.' 온갖 핑계로 위안을 삼았다. 하지만 반복되는 준우의 행동에 큰 결심을 하고 준우와 진지한 대화를 해봤다.

"준우야, 왜 사람은 학교에 다녀야 하는 걸까?"

"영어, 수학을 공부하러 학교에 다니는 거 아닐까요?"

"우리에게 배움은 공부뿐 아니라 더 많은 의미 있는 일을 한단다. 학교에서 교실에 앉아 공부하는 것 말고 또 무엇을 배운다고 생각하니?"

한동안 말이 없는 준우에게 나는 이렇게 설명해 주었다.

"준우가 학교에 가면 간식시간, 점심시간 그리고 기타 수업시간에 친구들과 놀고 이야기하고, 또 선생님과 대화도 하지? 그것을 어른들은 '사회성, 소셜스킬Social Skill'이라고 말한다. 소셜스킬은 말 그대로 인생을 살아가는 데 필요한 기술이나 방법이야. 우리는 어릴 때부터 그것을 배운다고 생각하면 돼! 신학기에 새로운 친구와 첫 대화를 나눌 때의 긴장감, 긴 연휴를 마치고 학교로 되돌아갈 때 편하던 친구들도 낯설게 느껴지는 감정은 준우뿐 아니라 엄마, 아빠, 선생님 모두가 똑같이 경험하지. 그 두렵고 낯선 감정을 극복할 수 있게 '배움의 자세'로 한번 시도해보는 건 어떨까? 어릴 때부터 배우고 꾸준히 연습하면 그 누구와도 자연스럽게 대화하고 인사하는 법을 익히게 된단다."

내 어린 시절을 떠올려본다. 어릴 적 누군가 말만 걸면 울음을 터뜨렸던 기억이 난다. 내 어머니는 태권도, 웅변학원을 떠돌며 속상해

하셨다. 이렇게 소심함과 부끄러움으로 무장했던 내 어린 시절을 준우에게 이야기해 주었다. 지금의 나는 주변 사람들에게 '사회성 넘치는 준우 엄마'라는 말을 듣는다. 그렇게 사람과 교류하기 좋아하는 엄마의 어린 시절을 들은 준우는 믿기 힘든 표정이었다.

"누구나 한 번쯤은 준우가 느끼는 비슷한 두려움을 마음속 한켠에 가진단다. 엄마는 물론이고 언제 어디서나 자신감 넘치는 준우의 아빠도, 선생님도 마찬가지지. 수학을 배우는 것처럼 사회성을 배우고 그 기술을 갈고 닦으면 시험에서 좋은 성적을 거두는 것보다 더 위대한 성과를 내기도 한단다."

유대인 부모는 내성적인 아이들이 있다면 적절한 교육과 관심을 통해 사회성을 높여 주기 위해 노력한다. 그렇다고 내성적이고 조용한 아이에게 갑자기 적극적이고 떠드는 아이가 되라고 닦달하거나 스트레스를 주는 것이 아니다. 모든 인간의 타고난 성향이 다르듯이 조용한 아이의 선천적인 기질은 강압하여 바꿀 수 없다. 하지만 내성적이어서 사회성이 현저히 떨어지는 아이를 유대인 부모는 방관하지 않는다. 그 아이에게 맞는 사회성을 높이는 방식을 찾아 조금 더 표현하고, 자신감을 높일 수 있도록 노력한다. 아이에게 상처가 되지 않고 스트레스 받지 않는 범위 안에서 해결책을 찾으려 애쓴다.

물론, 해결책은 실생활 속에서 실천된다. 예를 들어, 아이와 함께

장을 보러 간 마트에서 계산대 아주머니에게 인사를 건네도록 유도한다. 레스토랑에 가서는 본인이 먹고 싶은 것을 스스로 주문하도록한다. 어릴 때부터 낯선 사람이라도 소통하도록 가르치는 것이다. 플레이데이트를 통해 여러 친구와 어울려 노는 기회를 만들어 주기도한다.

이렇게 내성적인 아이라도 타고난 기질에 따라 적절히 사회성을높이기 위해 노력한다. 조용한 아이를 천성으로 인정하며 존중하지만 점차 바뀔 수 있다고 믿는 것이다.

한국에서 '인맥'이라는 단어는 공정하지 못하고 속임수처럼 부정적으로 인식되어 있다. 하지만 유대인에게 있어서 '인맥'은 자신이 갖춘 능력보다 훨씬 좋은 성과를 이루게 하는 중요한 기술이다.유대인은 인맥을 개인이 갖출 수 있는 소중한 능력이라고 생각한다.그리고 좋은 인맥을 위한 사회성은 인간이 태어나 끊임없이 배우고연습한 결과이기 때문에 그 가치를 높이 인정해 준다. 사회성을 바탕으로 만들어온 '인간관계'는 내가 가진 지식이나 능력처럼 실제로인간의 운명을 결정짓거나 뒤바꿀 수 있다.

유대인들은 아이가 사회성을 배우는 데 가장 중요한 선생님은부모라고 믿는다. 부모가 인간관계를 맺고 유지하는 방법은 의도하지 않았더라도 아이의 가슴 속 깊이 남게 된다. 부모가 사회생활을 꺼린다면 아이들이 사교적이길 기대하기 어렵다. 자기중심적 부모에게 이기심을 배우고, 나누며 관계하는 부모에게 협동심을 배우게 되는 것이다.

성공을 만들어내는 핵심

탁월한 사회성과 뛰어난 인간관계 능력이 정말로 인간의 운명을 결정짓는 힘이 될 수 있을까? 하워드 슐츠는 가난한 유대인 가정에서 태어나 가족 최초로 대학에 입학한다. 운동을 즐기던 그에게 운동 특기생 장학금으로 학비를 대신 할 기회가 생겼기 때문이다. 커뮤니케이션학을 전공한 하워드는 구 스타벅스 마케팅 디렉터로 사회생활을 시작한다. 어느 날 이탈리아 출장 중 커피숍을 둘러보다가 '커피 전문점이 최고의 에스프레소뿐 아니라 사람들이 만나고 교류하는 장소가 될 수 있다'라는 영감을 얻는다. 평소 남과 소통하기 좋아하고 인간관계를 중요하게 여기던 하워드이기에 가능했던 아이디어였다. 그는 곧바로 커피 프랜차이즈 계획을 세운다. 하지만 이 계획은 구 스타벅스 CEO에게 거절당하고 1985년 퇴사하고 만다.

하워드는 꿈을 이루는 데 40만 달러가 필요했다. 좌절한 하워드를 다시 일으켜 세운 힘은, 그가 가장 좋아하고 중요하게 여겨왔던 그것, 바로 사회성과 인간관계에서 시작되었다. 농구를 좋아하던 하워드는 함께 운동하며 친해진 사람들 가운데 의사, 사업가 등 친구들에게 경제적 지원을 받는다. 그리고 지금의 스타벅스를 만들어낸다. 기발한 아이디어로 시작된 하워드의 꿈을 현실화시키는 데 그의 사회성과 인간관계가 결정적인 역할을 한 것이다.

실리콘밸리 유대인 성공신화로 꼽히는 세르게이 브린과 래리 페이지는 차고에서 '구글'을 창조한다. 친구로 시작된 이들의 관계는 꿈을 함께 현실화시키는 최고의 파트너로 발전하였다.

'자신보다 더 현명한 사람을 모을 줄 알았던 이, 바로 이곳에 잠들다.' 이는 앤드루 카네기 묘비에 새겨져 있는 문구이다. 평범한 철도 노동자였던 그가 강철왕 자리에 오를 수 있었던 것 또한 인간관계를 소중히 여기고 유지할 수 있는 능력이 있었기 때문이다.

미국 사회는 출신 대학보다 개인이 가지고 있는 소통능력이 그 사람을 성공하게 하기도 한다. 내 유대인 친구들은 사회생활을 하며 소통하지 못하는 사람은 성공할 수 없다고 이야기한다.

우리 아이들은 친구는 물론이고 사람과 관계를 맺을 시간조차 없다. 성적 올리기에 모든 시간을 투자하거나 TV, 컴퓨터, 아이패드, 스마트폰으로 게임을 하는 시간이 더 많아졌기 때문이다. 이런 생활방식 속에서는 대인관계 능력이 부족할 수밖에 없다. 사람은 사회적 동물이다. 사회는 사람들 간의 관계로 이루어진다. 따라서 관계를 잘

하는 사람이 사회의 승자가 될 수밖에 없다.

다른 사람과의 소통은 수줍음을 떨쳐버리고 낯선 사람들과 인간 관계를 맺게 한다. 그리고 더 행복하고 아름다운 세상을 경험하게 하며, 그것은 사회생활을 하는 데 든든한 무기가 된다. 성공하려면 더 많은 사람과 우호적인 관계를 맺어야 한다. 우호적인 네트워크의 중요성을 내 유대인 친구들은 확실히 알고 있다.

#02 협상과
신뢰

준우가 유치원을 마치던 시간, 같은 반 친구 콜과 엄마의 대화 내용이다.

"엄마, 오늘 저녁에 치킨이 먹고 싶어요!"

"오늘은 코셔 치킨이 집에 없으니 야채 스파게티를 먹을 거란다."

"그럼 집에 가는 길에 코셔 마켓에 들려 치킨을 사서 요리해 주세요."

"코셔 마켓이 오늘 일찍 문을 닫았다는구나."

"그럼 다른 마켓에서 연어를 사서 요리해 주세요. 연어는 원래 그 자체로 코셔가 되니 괜찮겠지요? 그리고 엄마가 먹고 싶은 스파게티는 내일 먹도록 해요."

저녁 메뉴로 길게 이어지는 대화를 듣던 나는 포기하지 않고 끝까지 협상하려는 콜의 끈기 있는 자세에 웃음이 나왔다. 내가 본 유대인 아이들은 웬만해서 "네"라고 바로 수긍하는 법이 없다. 우리 문화로 본다면 부모님 말씀에 토를 다는 버릇없는 아이이다. 하지만 유대인 부모는 아이가 제시하는 수많은 제안을 토 단다고 생각하지 않는다. 오히려 환영한다. 이것이 바로 '협상하고 타협하는 방식'을 배워나가는 것이라 믿기 때문이다.

유대인은 협상의 달인들

싸움이 났을 때 중재자로 유대인만한 적격자가 없다. 내 유대인 친구들은 타협과 협상의 달인이다. 유대인은 유독 상술이 발달되어 있는 민족이라는 생각을 줄곧 해왔다. 역사적 기록이나 수많은 문학 작품을 통해 그 흔적을 확인할 수 있으며, 실제로 미국 경제를 이끄는 대부호 대부분이 유대인임이 이를 반증한다.

사막 위의 파라다이스, 라스베가스의 최고 10대 자본가 가운데

쉘던 아델슨을 포함해 9명이 유대인이다. 유대인이 아닌 나머지 한 명은 2017년 미국 45대 대통령에 취임한 트럼프이다. 사실 트럼프의 큰딸 이반카의 남편은 유대인이다. 그는 뉴욕 출신의 부동산 재벌의 큰아들이다.

프랑스 정계를 이끄는 시트로엥 차, 로레알도 대표적인 유대인 부호이다.

미국의 헤지펀드 천재 존 폴슨은 2008년 세계금융위기 당시 역투자로 4조 원을 벌어들인 신화적 인물이다. 그 가운데 일부를 하버드대학교에 기부하기도 했다. 이때 하버드대학교 학생들이 기부금 받기를 반대했지만 역사는 자본주의에 두 손을 들어 주었다.

유대인은 남의 말을 경청하고 다른 의견이 있을 때 상대방을 설득시키려 노력한다. 서로 의견을 나누면서 적극적이고 창의적인 사고를 키워나가는 것이다. 이것은 혼자 조리 있게 말하는 능력과는 큰 차이가 있다. 유대인은 오랜 토론과 대화의 문화 속에서 다양한 대안을 찾아내는 협상의 고수가 되는 것이다.

아이와의 약속은 꼭 지켜라

유대인이 사회생활을 하며 성공을 이루는 데 중요한 요인 가운데 '협상의 기술'뿐 아니라 주변 사람에게 받는 '신뢰' 또한 큰 역할을 한다. 어느 날 준우가 유치원 친구 콜과 일요일에 플레이데이트를 하기로 했다. 약속장소에 나간 나는 순간 당황하지 않을 수 없었다. 전통 보수주의 랍비인 콜의 아빠가 키파와 전통 복장을 한 채로 콜의 손을 잡고 공원으로 헐레벌떡 뛰어 왔다. 콜의 엄마는 독감에 걸려 나오지 못했다고 한다. 그래서 랍비의 설교 말씀을 다른 날보다 일찍 끝내고 공원으로 달려 왔다는 것이다.

나의 상식으로는 엄마가 아프면 플레이데이트를 취소하거나 미루면 될 일인데, 라고 생각했다. 하지만 사무엘은 나에게 이렇게 말했다.

"유대인은 아이에게 반드시 약속을 지켜야 한다고 철저히 교육하지요. 그런데 오늘 플레이데이트 약속을 깨 버리면 나는 내 아들을 준우에게 약속을 지키지 못한 친구로 만들게 되는 거예요. 또한 우리는 콜에게 플레이데이트를 데리고 가겠다고 약속한 것을 지키지 않는 부모가 되는 것이고요."

유대인 부모는 하나같이 아이들에게 '약속은 반드시 지켜야 한다'고 철저히 교육시킨다. 약속을 잘 지키는 아이로 성장시키고 싶다면 가장 중요한 것은 부모가 아이와의 약속을 지키는 것이다.

대부분 부모는 위기를 모면하기 위해 "내일 해줄게"라고 말하는 경우가 많다. 하지만 유대인 친구들은 내일 해주기로 약속했다면 그 약속을 꼭 지켜낸다. 그리고 지키지 못할 약속은 애초에 하지 않는다.

약속을 잘 지키는 유대인은 사회생활을 하며 주변 사람에게 신뢰를 얻는다. 그 신뢰는 새로운 시작을 할 때 더 많은 기회를 제공하기도 하며 성공하는 삶의 결정적인 역할을 하기도 한다.

#03 솔직하게 사과하는 법

준우와 리아드가 '프로젝트 씽크 Project Think' 여름 캠프에 함께 다니던 때의 일이다. 캠프를 마치고 그 둘은 내 차에 나란히 앉아 리아드네 집으로 향하고 있었다. 유독 더운 날씨 탓이었을까? 차에 타자마자 지쳐 보이는 준우에게 리아드는 짓궂은 장난을 시작했다. 심지어 준우의 카시트에 낙서하기에 이르렀다. 준우는 화가 단단히 나 있었다. 하지만 리아드의 장난은 심해졌다. 화가 많이 난 준우는 감정조절이 힘들어 보였다. 한참 둘이서 싸우다가 리아드가 말했다.

"왜 이리 화가 많이 났어, 잠깐 기다려봐! 내가 어떻게 네 화를 풀어 줘야 할지 다 알고 있어."

리아드는 집에 도착하자마자 안으로 뛰어 들어갔다. 자신이 왜 화가 났는지 설명하고 있던 준우는 그냥 뛰어 들어가는 리아드의 행동에 더 화를 냈다.

곧장 뛰어나온 리아드는 사탕과 젤리를 가지고 나와 준우 손에 쥐어 주었다.

"자 이거 먹고 화내지 마, 준우야."

준우는 사탕과 젤리를 바닥에 던지면서 더욱 분노했고 상황은 악화되었다. 얼마 지나지 않아 리아드와 짧은 대화를 한 엄마 리모어가 리아드를 데리고 거실로 나왔다. 그리고 엄마 리모어는 리아드에게 준우 앞에서 무엇을 잘못했는지 스스로 설명하며 사과하라고 조언했다.

"내가 잘못했다고 인정하면 준우 네가 나에게 더 실망하고 나를 싫어하게 될까 봐 두려웠어. 미안해."

자신이 아끼고 사랑하는 친구가 자기를 싫어하게 될까 봐, 그리고 더는 자기와 놀지 않겠다고 할까 봐 두려웠다는 리아드의 솔직한 사과에 모든 사람은 놀라움을 감추지 못했다. 곧이어 준우 또한 본인이 화낸 것에 대해 미안하다는 사과를 덧붙였다. 어린아이의 생각에 친구의 화를 사탕과 젤리로 달래보려 한 리아드의 마음이 기특하면서도 안타까웠다.

엄마 리모어는 리아드에게 오늘 '친구에게 사과하는 법'을 가르쳤다. 그리고 오늘 두 아이는 '화해하는 법'을 배웠다. 리모어는 아이들에게 말했다.

"친구는 언제나 싸울 수 있단다. 엄마도 아빠도 어릴 때는 지금 너희보다 더 많이, 더 심하게 친구들과 싸우며 자랐지. 하지만 진정한 친구가 되려면 화해하는 법을 배워야 한단다."

아무리 사이가 좋은 친구라도 아이들이 어울리다 보면 아차 하는 순간 서로 마음을 상하게 할 때가 있다. 한 순간의 잘못으로 인간관계를 망치지 않으려면 빨리 자신의 잘못을 인정하고 사과할 줄 알아야 한다. 진심을 다한 태도는 상대방에게 이해심을 이끌어낸다. 제대로 사과하는 법을 배운다는 것은 앞으로 자기가 잘못했을 때 어떻게 책임져야 하는지, 상대방의 감정을 어떻게 배려해야 하는지 배우는 것이다.

#04 정의를 위해
맞서는 힘

유대인 엄마 시갈릿은 이스라엘에서 첫째 아이를 낳고 남편이 박사 과정을 시작하면서부터 미국에서 살기 시작했다. 모국어는 히브리어, 영어는 제2외국어인 셈이다. 첫째 딸 에덴이 초등학교 4학년 때 교육청의 한 프로그램에 참여했을 때의 일이다. 학습능력이 다른 아이들보다 앞서 있는 아이들을 대상으로 하는 프로그램이었다. 아이들을 기다리던 부모들이 한데 모인 곳에서 한 미국인 아빠가 이야기를 꺼냈다.

"우리 딸은 5학년인데 이 프로그램에 참여해서 6학년 진도를 배우고 있어요. 사실 남미 출신의 부모들은 이해가 가지 않지요. 남미 출신 사람들이 많이 모여 사는 동네의 학교들에는 영어를 못하고 스페인어만 하는 아이들이 즐비해요. 어쩜 그렇게 아이들의 교육에 신경을 쓰지 않는지! 제 딸은 벌써 한 학년을 뛰어넘어 이곳에 와 있는데, 그 아이들은 제 학년 수준도 따라가지 못하니 말이에요. 부모의 모국어가 영어가 아닌 아이들은 아무래도 공부하는 데 한계가 많겠죠. 문제는 우리 아이들이 그런 아이들과 한 사회에서 함께 살아가야 한다는 것이죠."

이 말을 듣고 있던 시갈릿은 끓어 오르는 분노를 참을 수 없었다고 한다.

"당신은 무슨 근거로 모든 남미 출신 사람을 그렇게 말하죠? 내 남편의 프린스턴대학교 동료들 가운데 남미 출신이 꽤 있죠. 그리고 각 대학교에 남미 출신 교수들이 얼마나 많은지 아세요? 또한 그들이 얼마나 뛰어난 이론을 학계에 내놓는지 당신이 알면 놀랄 거예요. 그렇게 따지면 나는 남미 출신은 아니지만, 영어가 제2외국어인 부모에요. 그런 우리 가정에서 성장한 제 딸은 지금 4학년이랍니다. 5학년인 당신 딸은 1년을 앞서 있지만, 제 딸은 2년을 앞서 있는 셈이죠. 당신이 만나본 몇 명의 사람을 가지고 일반화시켜 부정적인 이야기를 하는 것은 옳지 못한 발언입니다."

내가 이런 환경에 처해 있었다면 어떻게 대처했을까? 나는 남미 출신이 아니니까 괜찮다며 위안으로 삼지는 않았을까? 나와는 관련 없는 이야기이니 웃고 넘기자고 생각했을지도 모른다. 설사 마음속으로 불편한 감정이 들었을지언정, 남과 언쟁에 막상 뛰어들기는 쉽지 않았을 것이다. 게다가 영어가 제2외국어인 나의 발음을 드러내면서 미국 아저씨와 싸울 수 있는 용기가 있을까?

시갈릿도 나와 비슷하게 영어가 제2외국어이다. 그녀는 원래 수다스러운 친구가 아니다. 그리고 모국어인 히브리어의 강한 액센트가 있다. 하지만 정의를 위해 논쟁하는 시갈릿에게 그런 것 따위는 중요하지 않았다. 시갈릿은 말했다.

"나는 언제나 정의를 위해서라면 주저하지 않고 맞서 싸우라고 아이들을 교육하지. 그런 내가 그 자리에서 나서지 않고 듣고만 있다면 에덴의 기분이 어땠을까? 물론 그 자리에 에덴은 없었지만 내가 그런 엄마라면 어떻게 떳떳하게 아이들을 교육할 수 있겠어? 떳떳하지 못한 엄마를 보고 아이들은 무엇을 배울 것이고 말이야."

유대민족은 오랜 세월 세계 곳곳에 흩어져 살았으며 억압받아왔다. 그러한 그들의 역사는 아이들에게 정의로운 사회를 꿈꾸고 그것을 위해 행동하도록 교육하는 데 강한 동기부여가 되었을지 모른다. 홀로코스트 생존자이면서 노벨평화상 수상자 엘리 위젤은 "무관심으로 인해 인간은 실제로 죽기 전에 이미 죽어버린다"라고 말했다. 그는 저서 《나이트》를 통해 다음과 같이 말한다.

'나는 언제 어디서든 인류가 고통과 굴욕을 감내해야 하는 경우에 결코 침묵하지 않겠다고 맹세했다. 우리는 입장을 분명히 해야 한다. 중립은 억압하는 자를 도울 뿐, 결코 희생자에게 도움이 되지 않는다. 침묵은 괴롭히는 자에게 힘을 주고 결코 고통받는 사람에게 힘이 되지 못한다.'

유대인은 아이들에게 불의를 보면 한순간도 망설이지 말라고 가르친다. 설사 본인과 상관없는 불의라도 뛰어들어 맞서 싸우게 한다. 지금은 나를 향하고 있지 않은 불의라 해도, 결국에는 내 목을 향할 불의의 작은 씨앗이 될 수 있다고 믿기 때문이다. 그 씨앗조차 사회에서 없애버리려 노력한다. 정의를 위해 싸우도록 아이들을 교육하는 것이다. 정의를 위해 싸우는 사회는 우리가 꿈꾸는 '너도, 나도 그리고 모두'가 정의로운 사회가 되는 출발점이다.

페이스북 창업자이자 CEO인 마크 주커버그는 '2015년 IS 파리 테러사건' 이후 본인의 페이스북에 짧은 메시지를 게재했다. 무슬림의 권리를 위해 맞서 싸우겠다는 희망과 격려의 메시지이다. 내용 가운데 내 눈길을 끈 문구가 있었다.

"나의 부모님은 유대인으로서 모든 불의에 대항해야 한다고 가르쳤다. 그 공격이 지금은 너를 향하고 있지 않더라도 결국 그 공격은 모두를 해칠 것이라는 가르침이다."

이 유대인 부모가 아들 마크 주커버그에게 전한 강한 메시지에 나는 소름이 돋을 정도로 놀랐다. 내 눈으로 보고, 내 귀로 듣던 유대인 친구들이 항상 말하는 생생한 가르침이기 때문이다. 그 가르침의 가치를 망각했던 나를 일깨운 순간이다.

#05 인생 성공 비결이 된 유머

아들의 목숨을 살리기 위해 아버지가 대신 체포된다. 곧 죽음을 앞둔 아버지는 슬퍼하는 아들을 위해 춤을 춘다. 이어지는 총성과 아버지의 미소는 내 가슴 속 깊이 진한 여운을 남겼다.

영화《인생은 아름다워》의 마지막 장면이다. 죽음의 공포 앞에서도 가족에게 인생의 즐거움을 전하는 영화 속 아버지는 유대인이다. 제2차 세계대전 당시 유대인 수용소, 아우슈비츠 유대인 학살 현장을 담은 이 영화는 마지막 장면 때문에 내게 평생 잊을 수 없는 명작으로 남았다.

유대인에게 '유머'는 특별한 의미가 있다. 그들에게 유머의 시작은 역사와 밀접한 관련이 있다. 박해와 고통의 역사 속에서 즐겁게 살기 위한 몸부림으로 유머를 시작했다. 유대인에게 있어서 유머는 오랜 고난을 견디게 해준 절대적 도구인 것이다.《탈무드》를 기반으로 만들어진 유대인의 유머는 단순히 웃고 즐기는 농담이 아니다. 역사가 담겨 있고 부모에게 전해 받은 지혜이다.

유대인은 아이가 어릴 때부터 부모와 함께 자유롭게 대화하며 유머를 익힌다. 친구, 친척 등 모두가 유머러스하므로 유머를 배우기에 최적화된 환경에서 성장하는 것이다. 이런 유머는 딱딱한 분위기를 부드럽게 만들어 마음의 여유를 선물하기도 한다.

"나를 키운 것은 유머였고, 내가 보여 줄 수 있는 최고의 능력은 조크였다." 아인슈타인이 노벨상 시상식장에서 한 유명한 말이다. 유대인들은 유머를 단순한 농담으로 여기지 않고 수준 높은 지적 산유물로 표현한다.

유머의 히브리어 '호프마'는 지혜를 뜻한다. 유대인은 유머를 잘하는 사람은 지성이 높은 사람이라고 믿는다. 여유 있는 사람은 잘 웃는다. 그리고 남을 웃길 줄 안다. 몇 마디의 밀로 대중의 마음을 사로잡는 유명한 연사들 가운데 대부분은 뛰어난 유머감각으로 재치 있는 순간을 활용할 줄 안다.

　실제로 내 유대인 친구들은 나이나 직업에 상관없이 모두가 유머를 즐긴다. 학기 초 새로운 학부모들 사이에도 그들은 최고의 유머로 분위기를 주도한다. 수술을 앞둔 환자에게 시의적절한 유머로 긴장감을 풀어 준다. 가끔 그 유머를 따라하다가 실없는 농담을 한 것 같아 머쓱해지기도 한다. 순간순간 그 자리의 분위기에 딱 맞는 비유와 언행으로 최고의 유머를 하는 것은 그 무엇보다 어려운 일이다.

　유대인에게 있어서 유머는 끊임없이 갈고 닦아 온 대화 능력이다. 이러한 유머는 긴장된 자리를 한순간 풀어 주기도 한다. '내 유대인 친구들이 오바마 미국 대통령을 만나거나, 중요한 비즈니스 파트너를 만났을 때 무슨 말을 가장 먼저 할 것인가?' 생각해보면 떠오르는 대답은 명확하다. 재치 있는 유머로 대화를 시작할 것이다. 권위 있고 긴장된 자리를 단번에 화기애애하게 하는 것이 유대인이 가진 유머의 힘이다.

클레어몬트 유대인 유치원 원장
데보라 프루잇 Deborah Pruitt

1. 클레어몬트 유대인 유치원Temple Beth Israel and Daycare이 다른 유치원과 구별되
   는 특별한 교육철학은 무엇입니까?

우리 유치원과 다른 유치원의 철학을 단순하게 비교하는 것은 어려
운 일입니다. 왜냐하면 미국 유치원은 다양한 프로그램으로 운영되기
때문입니다. 학문적 중요성을 강조하는 프로그램부터 놀이를 중심으로
운영되는 프로그램까지 다양합니다. 그 중에서 몬테소리나 레지오 에
밀리아 교육방식을 접목하는 유치원 프로그램들은 많은 사람에게 알려
졌습니다. 우리 유대인 유치원의 기본 철학은 아이들 개개인의 발전에
집중하는 유아 교육입니다. 우리 유치원에서 가장 집중하고자 하는 교
육방식은 바로 긍정적인 태도를 통해서 배양되는 가치의 중요성입니
다. 이것은 유대 종교에서 중요시되는 핵심 가치이기도 합니다.

2. '탈무드 정신'을 활용해 운영되는 교육방식이 있습니까?

　사실, 유아기 교육에서 '탈무드 정신'을 직접 접목한 프로그램은 드뭅니다. 하지만 다양한 주제에 대해서 의견을 나눌 때 아이들이 각자 다른 해석을 하도록 격려하며, 모두 자신만의 의견을 가지는 것을 존중하는 것은 '탈무드 정신'에서 비롯된다고 할 수 있습니다. 자신의 의견을 자신 있게 표현하는 것은 《탈무드》뿐 아니라 유대 종교에서 강조하는 기본 태도입니다. 이것을 어린 시절부터 교육하는 것은 무엇보다 중요합니다. 아이들은 어린 시절부터 자신의 목소리를 내고, 자신의 의견을 말하며, 토론에 자연스럽게 참여하는 법을 배움으로써 향후 자신이 주인공이 되었을 때 한껏 의견을 표현하고 자신의 가치를 빛낼 수 있습니다.

3. 유대인 학교는 토론 중심의 프로그램이 많다고 하는데, 아이들에게 어린 시절부터 토론할 수 있는 능력을 키우는 교육방침이 있습니까?

　우리 유치원에서 진행되는 커리큘럼은 아이들이 참여하고 표현할 기회를 주려는 방법에 초점을 맞춥니다. 유아기 아이들과 토론을 진행하는 것은 무엇보다 힘든 일입니다. 아이들의 질문과 표현은 그 누구도 예측할 수 없기 때문입니다. 하지만 선생님들은 마음속에 큰 주제와 이야기, 상황 등을 가지고 있습니다. 아이들을 유기적으로 참여시키며 선생님은 토론을 이끌어 나갑니다. 우리 유치원의 모든 나이의 아이들은 '러그 타임Rug Time(카펫에 앉아 교육하는 방식)'을 갖습니다. 아이들과 선생님이 함께 카펫에 앉아서 노래를 부르거나 책을 읽고 대화를 나눕니다. 주로 이 시간에 많은 토론이 진행됩니다. 사실 이 시간은 유대인 유치원뿐 아니라 모든 유치원에서 가장 중요한 시간입니다. 이 시간에 나누는 모든 대화를 통해 아이들은 삶의 태도와 가치, 사회성과 도덕 등을 배우게 됩니다.

4. 창의성에 중점을 둔 유대인 교육을 유대인 유치원에서는 어떻게 실천하고 있습니까?

유아기 아이들에게 창의성을 넓히고 창의적인 표현을 할 다양한 기회를 제공하는 것은 무엇보다 중요합니다. 유아기 교육에서 중요한 것은 과정이지 결과가 아닙니다. 아이들이 경험하고 발견하면서 창조적인 힘을 키워나가는 것이 남이 해놓은 결과를 보고 그대로 따라하는 것보다 중요한 것입니다. 창조적인 표현에 정답은 없습니다. 아이들은 음악, 춤, 상상력을 통한 역할 놀이 등을 통해 창조력을 키워나갑니다. 창조력을 키우는 데 중요한 것은 아이들이 새로운 시도를 하고 상상하면서 안정감을 주고 신뢰를 느끼게 해주는 것입니다. 이 신뢰감은 대부분 부모나 선생님들의 격려와 응원을 통해 생깁니다. 아이들의 창의력은 스스로 느끼는 감정과 사회의 요구조건이 맞아떨어졌을 때, 더 자유롭게 상상하고 창의력을 키우는 표현을 하는 데 주저하지 않습니다.

5. 유대인 전통과 정체성을 지켜나가기 위해 유대인 유치원에서 교육하는 프로그램이 있습니까?

전통문화를 지켜나가며 정체성을 확고히 하는 것은 유대 종교에서 무엇보다 중요합니다. 유아기 아이들에게 전통문화를 교육하는 방식은 유대 명절을 지키고, 다양한 전통놀이를 즐기게 하며, 전통음식과 오랫동안 전해지는 이야기를 나누는 것 등으로 진행됩니다. 아이들은 경험을 통해 배웁니다. 매년 유대 전통 명절을 지켜나가고 매주 금요일 샤바트(안식일)를 지켜나갑니다. 학교와 가정에서 전통문화를 지켜나가며 정체성을 확고히 하게 됩니다.

6. 유대인 학교에서는 알파벳과 컴퓨터 사용법을 가르치지 않는다는 말이 있습니다. 왜 알파벳과 컴퓨터 교육을 중요하게 생각하지 않습니까?

우리 유치원에서도 알파벳을 교육하지만, 문제집이나 플래시카드(단어장)를 통한 교육은 아닙니다. 아이들을 다양한 방식으로 알파벳에 노출시켜 생활 속에서 자연스럽게 배우도록 유도합니다. 글자를 가르칠 때 무엇보다 중요한 것은 아이들이 즐길 수 있는 환경을 조성해 주는 것입니다. 즐기며 배우는 글은 책을 읽고 싶게 하고, 이해하고 싶으며, 궁금해하는 촉매제 역할을 합니다. 즐거움을 통한 배움은 아이들을 효율적으로 배우게 합니다. 무엇보다 즐거움을 느끼는 것은 어린 시절 아이들이 누려야 할 기본 조건이기도 합니다.

우리 유치원에서는 컴퓨터 사용법은 교육하지 않습니다. 그 이유는 유아기 아이들에게 있어서 영상물에 노출되기보다는 서로 관계하는 것이 중요하다고 믿기 때문입니다. 우리는 아이들이 더 많은 것을 경험하고 체험을 통해 배우고 성장하기를 원합니다. 특히 어린 시절 다양한 실수를 저지르는 것은 아이들이 배워나가는 최고의 방법입니다. 많은 유대인 부모들은 학교에서 아이들이 문제집을 풀고 스크린에 앉아서 온종일을 보내게 하려고 학교에 보내는 것이 아닙니다. 아이들이 더 많은 것을 경험하고 체험하며, 다른 아이들과 관계하고 다양한 것을 배워나가길 원합니다.

7. 유대인 교육이란 무엇이라고 생각하십니까?

유대인 교육은 《토라》와 유대 종교, 역사, 전통, 문학 등의 총합체라 생각합니다.

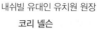

내쉬빌 유대인 유치원 원장
코리 넬슨

1. 내쉬빌 유대인 유치원   이 다른 유치원과 구별되는 특
   별한 교육철학은 무엇입니까?

    우리 유치원은 아이 하나하나 가능성 있는 존재이며, 우리의 공동체
일원으로서 존중합니다. 선생님들은 아이들이 이미 가지고 있는 지식
이나 관심을 최대한 이끌어낼 수 있도록 하기 위한 역할을 담당하고 있
습니다. 아이마다 가지고 있는 주요한 능력이 교실 내의 경험이나 탐험
과 연결되도록 노력합니다. 아이들의 호기심과 그들을 둘러싸고 있는
세상의 탐험이 통합점을 찾도록 노력하는 것입니다. 특히 우리 유치원
은 유아기의 아이들이 학습을 즐길 수 있도록 하는 것에 중점을 맞춥니
다. 놀이를 통한 배움은 예술, 오감을 통한 교육, 동물에 관한 학습 등을
통해 진행됩니다. 즐거움을 통한 배움은 아이들이 성장하며 필요한 학
습능력과 대인관계 능력을 향상 시킵니다.

전통적으로 《토라》에 따르면, 내용을 어떻게 해석할지에 대한 다양한 설명이 있습니다. 대부분의 유대인은 질문을 던지고 의구심을 가지며, 다양한 관점에 기반을 둬 결론을 도출합니다. 우리 유치원에서도 아이들이 다양한 현상이나 책의 내용에 대해 질문하고 의문을 깃도록 격려합니다. 그리고 각자 다른 답을 찾아내고 자신만의 결론을 도출할 수 있게 하려고 선생님들은 많은 질문을 하기도 합니다. 아이들에게 정답이란 없습니다.

우리 유치원에서는 다양한 도구를 활용해 예술, 문학, 과학을 통해서 창조력을 향상시킬 수 있는 학습환경을 만들고자 노력합니다. 아이들이 관심 있는 몇 가지 예를 모아서 직접 체험할 수 있도록 합니다. 또한 아이들이 관심 갖는 것들이 어떻게 진행되는지를 발견하는 것이 중요합니다. 선생님들과 학교 관계자들은 아이들에게 어떻게 효과적으로 체험하고 눈으로 보여줄 수 있을지 끝없이 연구합니다.

4. 유대인 전통과 정체성을 지켜나가기 위해 유대인 유치원에서 교육하는 프로
   그램이 있습니까?

   유대인의 가치와 유대인 명절을 교육함으로써, 아이들이 기본적으로
전통에 관해 가져야 할 소양에 대해 교육합니다. 우리 아이들이 영어뿐
아니라 히브리어도 익숙해지도록 가르침으로써 다양한 언어를 접할 기
회를 제공합니다. 무엇보다 매주 금요일 샤바트(안식일)에는 유대인 전
통 음악과 기도를 통해 스스로 유대인이라는 정체성을 굳건히 하도록
합니다. 우리가 아이들에게 가르쳐 줄 수 있는 가장 중요한 것은 유대인
정신입니다. 그것은 동물과 자연, 그리고 서로를 사랑하는 세계평화
Shalom를 위해, 다른 이를 도와주는 나눔의 정신Tzedakah, 모든 인간에 대
한 존중Kavod, 더 나은 세상을 만들기 위한 노력Tikkun olam이 포함됩니다.

5. 많은 유대인은 남을 돕고 나누는 사회공헌의 가치를 중요하게 생각합니다.
   유아기의 교육이 성인이 된 후 사회공헌에 영향을 미친다고 생각하십니까?

   물론 그것이 우리의 궁극적 목표입니다. 어릴 때부터 교육을 통해 아
이들은 삶의 핵심가치와 지식을 만들어 가는 과정을 배우게 됩니다. 유
아기부터 사회공헌을 배우고 성인이 되어서 사회공헌의 의미를 되새기
며 그대로 실천하게 하는 것이 우리의 목표입니다. 우리 유치원 아이들
은 어릴 때부터 소외계층들을 도와줘야 한다는 것을 다양한 프로그램
을 통해 배우게 됩니다. 푸드 드라이브food drive(음식을 모아서 기부하는 행위),

다이퍼 드라이브(diaper drive) (일회용 기저귀를 모아 기부하는 행위) 등이 있습니다. 그리고 장난감이나 옷을 모아서 필요한 아이들에게 기부합니다. 우리의 궁극적인 목표는 아이들이 어린 나이부터 우리 공동체의 한 일원으로 성장하고 우리 주변 이웃들을 더 사랑하고 이해할 수 있는 사람으로 성장시키는 것입니다.

6. 유대인 학교에서는 알파벳과 컴퓨터 사용법을 가르치지 않는다는 말이 있습니다. 왜 알파벳과 컴퓨터 교육을 중요하게 생각하지 않습니까?

우리가 알파벳을 전혀 가르치지 않는 것은 아닙니다. 또한 컴퓨터를 사용하지 않도록 강요하는 것도 아닙니다. 다만, 문제풀이에 의존하는 교육보다는 체험과 경험을 통해 배우는 것을 목표로 합니다. 유아기에 시행착오를 경험하는 것은 무엇보다 중요합니다. 시행착오를 통해 아이들은 사고하는 힘을 기를 수 있기 때문입니다. 물론 어린 나이에 알파벳을 깨우치고, 컴퓨터 활용법을 익히는 것은 질문에 대한 대답을 찾을 수 있는 효과적인 수단입니다. 하지만 우리는 인생을 살아가며 복잡한 해답을 찾기 위해서 효과적인 수단에만 의존할 수는 없습니다. 우리는 아이들이 스스로 사고하는 힘을 기를 수 있기를 원합니다.

7. 유대인 교육이란 무엇이라고 생각합니까?

유대인 교육은 호기심 많고 창조적인 아이가 될 수 있도록 격려하고,

강력한 유대인 정체성을 가지도록 끊임없이 추구하는 교육방식입니다. 우리의 희망은 아이들이 성장해 남을 도와주고 그들이 사는 사회에 이바지하는 사회구성원이 되기를 희망합니다. 마지막으로 유대인 교육은 선생님 주도하의 일방적인 교육이 아니라 아이들이 사고하고 질문하며 스스로 깨우치고 발견해내는 아이 중심의 교육입니다.

유대인 엄마는 장난감을 사지 않는다

1판 1쇄 발행 2017년 6월 27일
1판 3쇄 발행 2022년 4월 5일

지은이 곽은경

발행인 양원석
펴낸 곳 ㈜알에이치코리아
주소 서울시 금천구 가산디지털2로 53, 20층 (가산동, 한라시그마밸리)
편집문의 02-6443-8842   **구입문의** 02-6443-8838
홈페이지 http://rhk.co.kr
등록 2004년 1월 15일 제2-3726호
ⓒ곽은경, 2017, Printed in Seoul, Korea

ISBN 978-89-255 5971 1 (13590)